高等职业教育机电类专业系列教材

电工电子技术

第 2 版

主　编　宋耀华　　张怡典

副主编　张　敏　　许　琪

参　编　陈艳芬　　冯燕萍

主　审　倪志莲

U0179259

机械工业出版社

本书主要内容包括安全用电、直流电路、正弦交流电路、磁路与变压器、三相异步电动机及其控制电路、二极管及直流稳压电源、晶体管及放大电路、数字电子技术基础、时序逻辑电路。

本书根据"理论知识够用为度,注重应用能力培养"的原则,内容经过精心挑选、叙述简洁明了、例题分析透彻、强调知识应用。

本书可作为高职高专机电类专业的教材,也可供相关技术人员参考。

为方便教学,本书配有电子课件、模拟试卷及答案等,凡选用本书作为授课教材的老师,均可来电索取。电话:010- 88379375。电子邮箱:wangzongf@ 163. com。

图书在版编目(CIP)数据

电工电子技术／宋耀华,张怡典主编 .—2 版 .—北京:机械工业出版社,2021. 10(2024.9重印)

高等职业教育机电类专业系列教材

ISBN 978-7-111-70010-4

Ⅰ.①电… Ⅱ.①宋… ②张… Ⅲ.①电工技术-高等职业教育-教材 ②电子技术—高等职业教育—教材 Ⅳ.①TM ②TN

中国版本图书馆 CIP 数据核字(2022)第 007520 号

机械工业出版社(北京市百万庄大街22号 邮政编码100037)

策划编辑:王宗锋 责任编辑:王宗锋 王 荣
责任校对:张 征 李 婷 封面设计:鞠 扬
责任印制:单爱军

北京虎彩文化传播有限公司印刷

2024 年 9 月第 2 版第 7 次印刷

184mm×260mm · 13 印张 · 321 千字

标准书号:ISBN 978-7-111-70010-4

定价:44. 80 元

电话服务 网络服务

客服电话:010-88361066 机 工 官 网:www. cmpbook. com
　　　　　010-88379833 机 工 官 博:weibo. com/cmp1952
　　　　　010-68326294 金 书 网:www. golden-book. com
封底无防伪标均为盗版 机工教育服务网:www. cmpedu. com

本书是按照高职高专机电类专业《电工与电子技术课程教学大纲》的基本要求编写的。本书突出职业教育的特点，围绕"技能型、应用型"人才培养目标，注重对学生技能的培养。在内容组织上，编者根据电工与电子技术课程的教学经验进行了精心的选择和安排，突出了电工与电子技术的基础理论，并将理论与实际应用结合，使学生一方面可以掌握电工与电子技术的基础知识，为进一步学习后续课程打好基础，另一方面具有分析问题和将基础理论应用于实际的能力。本书在编写过程中突出了以下特色：

1）在内容结构上充分体现基础性和应用性。理论知识部分以够用为原则，更注重知识的应用。如在电气设备中的电机部分以工业领域最常用的三相异步电动机及其控制为主，略去了直流电机、控制电机等相对应用较少的部分。此外，本书在紧扣基本内容的同时，增加"案例应用"小栏目，用以介绍一些实用电路。

2）注重技能培养。本书在相应的章节末安排有针对性的技能训练，案例来源于生活，先仿真后制作，有利于学生将理论与实际应用结合起来，突出实践技能的培养。

3）概念正确、叙述简洁。本书基本概念介绍严谨准确，文字简洁且通俗易懂，减少了数学公式的推导，难点重点问题配有图解。

4）反映新技术的发展。本书在"知识链接"栏目中注意引入新知识、新技术，融入思政元素，用以拓宽学生的视野，培养学生的学习兴趣。

在内容编排、例题设置和图示说明等方面，本书依据高职高专学生的特点努力创新，实现教学效果最优化，也更有利于学生自学。

本书由宋耀华、张怡典担任主编，张敏、许琪担任副主编，陈艳芬、冯燕萍参加编写。具体分工为：第1章由许琪、张敏编写，第2章由许琪编写，第3章、第6章和第7章由宋耀华编写，第4章由陈艳芬、冯燕萍编写，第5章和第8章由张怡典编写，第9章由张敏编写。本书由倪志莲主审。

由于编者水平有限，书中难免存在错误和不足，恳请读者批评指正。

编　者

二维码索引

（续）

目 录

第1章

安全用电

学习目标 ◀◀

◇ 掌握安全用电的基本知识。
◇ 掌握安全用电注意事项。
◇ 掌握安全用电防护措施。
◇ 掌握现场急救方法。

内容引入 ◀◀

　　当今社会，人们的衣食住行都与电息息相关，各种设备都离不开电，每年因电引起的事故也有很多，尤其是雷击、线路老化、电器设备使用不当等引发的火灾，如图1-1所示。下面，我们一起来学习安全用电方面的知识。

图1-1　因电引起的火灾

1.1　安全用电基本知识

1.1.1　触电知识

1. 电流对人体的伤害

　　由于人体是导体，当人体接触或者靠近带电体时，会有一定的电流通过人体，从而引起伤害，这就是触电。触电对人体的伤害可分为电击和电伤两种类型。

　　（1）电击　电击是指电流通过人体时，破坏人的心脏、神经系统、肺等的正常功能而造成的伤害。它可能使肌肉抽搐、内部组织损伤，造成发热、发麻等，甚至引起昏迷、窒息、心脏停止跳动而死亡。大部分触电死亡事故是由电击造成的。人体触及带电的导线、漏电设备的外壳或其他带电体，以及由于雷击或电容放电，都可能导致电击。

（2）电伤 电伤一般是指由于电流的热效应、化学效应和机械效应对人体外部造成的局部伤害，如电弧伤、电灼伤等。

2. 触电形式

人体触电的方式主要有单相触电、两相触电、跨步电压触电和电弧触电等，此处着重介绍前三种触电方式。

（1）单相触电 即当人体直接或者间接接触一根相线，电流通过人体到中性线或到地的触电方式，如图1-2所示。

（2）两相触电 人体的不同部位同时接触两相电源时造成的触电，称为两相触电，如图1-3所示。这种情况下，无论电网中性点是否接地，人体所承受的线电压都比单相触电时高，危险更大。

图1-2 单相触电

图1-3 两相触电

（3）跨步电压触电 若有高压带电体或高压输电线断落在地上，接地点周围就会存在强电场，如图1-4所示。当人在接地点附近行走时，人的两脚就可能会处于不同的电位点，此时两脚间会承受一定的电压值，这一电压称为跨步电压。在这种电压作用下，电流从接触高电位的脚流进，从接触低电位的脚流出，这就是跨步电压触电。

一般以下情况容易发生跨步电压触电：当防雷装置接受雷击时，极大的流散电流在其接地装置附近地面容易产生跨步电压电击；当高大设施或高大树木遭受雷击时，极大的流散电流在附近地面各点产生的电位差造成跨步电压电击。

图1-4 跨步电压触电

3. 安全电压

安全电压是指人体较长时间接触带电体而不致发生触电危险的电压。我国际准规定安全电压工频有效值有42V、36V、24V、12V和6V。其中，特别危险环境中使用的手持电动工具应采用42V安全电压。有电击危险环境中使用的手持照明灯和局部照明灯应采用36V或

24V 安全电压。金属容器内、特别潮湿处等特别危险环境中使用的手持照明灯应采用 12V 安全电压。水下作业等场所应采用 6V 安全电压。

思考

如图 1-5 所示，小鸟落在电线上为什么不会触电？

1.1.2 防触电措施

防止触电首先是遵守安全用电制度，其次才是依赖各种保护设备。在工厂车间、实验室等用电单位，几乎无一例外地制定有各种各样的安全用电制度。一定要牢记：在你走进车间、实验室时，千万不要忽略安全用电制度，不管这些制度看起来如何"不合理"，如何"妨碍"工作都要遵守，否则必然会酿成苦果。

此外，还要采用各种保护措施来尽量减小触电发生时对人体和设备造成的危害，根据《用电安全导则》（GB/T 13869—

图 1-5　小鸟落在电线上

2017），为了防止偶然触及或过分接近带电体造成直接触电，可采取绝缘、屏护、安全间距、限制放电能量等安全措施。为了防止触及正常不带电而意外带电的导体造成的间接触电，可采取自动断开电源、双重绝缘结构、电气隔离、电气设备接地等安全措施。下面重点介绍下低压配电系统的接地，通常把电源侧的接地称为系统接地，负载侧的接地称为保护接地，根据我国国家标准《低压配电设计规范》（GB 50054—2011），低压配电系统有三种接地形式，即 TN 系统、TT 系统、IT 系统。

1. TN 系统

TN 系统通常是一个中性点接地的三相电网系统。其特点是电气设备的外露可导电部分直接与系统接地点相连，当发生外壳短路时，短路电流即经金属导线构成闭合回路，形成金属性单相短路，从而产生足够大的短路电流，使保护装置能可靠动作，将故障切除。TN 系统又分为 TN-C 系统、TN-S 系统、TN-C-S 系统，如图 1-6 所示。

（1）TN-C 系统　该系统如图 1-6a 所示，其中 PE 线和 N 线合并为一根 PEN 线，在用电设备处，PEN 线既连接到负荷中性点上，又连接到设备外露的可导电部分，这样可以节省一根导线，比较经济。但是如果 PEN 线断开，断点后面的设备金属外壳对地将带 220V 的故障电压，从而造成触电隐患。由于 TN-C 系统固有的技术上的种种弊端，现在已很少采用，尤其是在民用配电中，已基本上不允许采用 TN-C 系统。

（2）TN-S 系统　该系统如图 1-6b 所示，其中 N 线和 PE 线全部分开，设备外露的可导电部分均接 PE 线，PE 线不得断开，也不许进入剩余电流断路器，主电路可安装剩余电流断路器提高安全性能，TN-S 系统节约材料，布设简单，供电安全性高，是国家强制要求建筑工地必须采用的供电形式。

（3）TN-C-S系统 该系统如图1-6c所示，该系统是TN-C系统和TN-S系统的结合，在TN-C-S系统中，从电源出来的那一段采用TN-C系统。因为在这一段中无用电设备，只起电能的传输作用，在区域总配电箱处，将PEN线分开形成单独的N线和PE线。从这一点开始，系统相当于TN-S系统。设备外露的可导电部分均接PE线，此时PE线不得断开，N线可接入剩余电流断路器来提高安全性，该系统主要应用于分散居民用电。三相负载比较平衡时，TN-C-S系统在施工用电实践中效果还是不错的。但是，在三相负载不平衡，建筑施工工地有专用的电力变压器时，必须采用TN-S方式供电系统。

图1-6 TN系统

2. TT系统

TT系统如图1-7所示，这是一种电源中性点直接接地，用电设备外露可导电部分也直接接地的系统。通常将电源中性点的接地叫作工作接地，而设备外露可导电部分的接地叫作保护接地。

TT系统中，工作接地和保护接地必须是相互独立的。设备接地可以是每一设备都有各自独立的接地装置，也可以若干设备共用一个接地装置。因设备就地接地，单台设备漏电故障不会沿PE线波及整个系统的设备，所以本系统主要应用于对电压敏感的精密电子或数据处理设备；也适用于无专用变压器的外接低压电源的用户。当电气设备的金属外壳带电（相线碰壳或设备绝缘损坏而漏电）时，由于有接地保护，可以大大减少触电的危险性。但此时低压断路器不一定能跳闸，从而可能使漏电设备的外露可导电部分长期带电，增加触电风险。因此该系统必须安装灵敏度较高的漏电保护装置。国家标准《住宅设计规范》（GB 50096—2011）中规定，住宅供电系统应采用TT系统、TN-C-S系统或者TN-S系统。

3. IT 系统

IT 系统如图 1-8 所示，这是一种电源端所有带电部分不接地（与大地隔离），或有一点（一般为中性点）经过高阻抗（220/380V 系统内取 1000Ω）与大地直接连接，用电设备外露可导电部分直接接地的系统。

图 1-7　TT 系统　　　　　　　　　　　图 1-8　IT 系统

IT 系统在发生第一次接地故障时由于不具备故障电流返回电源的通路，其故障电流仅为两个非故障相对地电容电流的相量和，其值很小，故障电压很低，不致引发电击、火灾、爆炸等危险，供电连续性和安全性最高。它适用于对不间断供电要求较高和对接地故障电压有严格限制的场所，如应急电源装置、消防设施、矿井、医院手术室、钢铁厂、其他不能停电的场所以及有防火防爆要求的场所。但它一般不引出中性线（N 线），不能提供照明、控制等所需的 220V 电源，且该系统的故障防护和维护管理比较复杂，加上其他原因，使其应用受到限制。

 注意

接地系统设计注意事项如下：

1）同一电源供电的不同建筑物，可分别采用 TN 和 TT 系统；各建筑物应分别实施总等电位联结。

2）同一建筑物内只能采用一种接地系统，因为 TT 系统需要分设接地点，在同一建筑物内难以实施。

3）同一供电电源范围内，IT 系统不能与 TN 或 TT 系统兼容。

4）同一建筑物内，IT 系统可以与 TN 或 TT 系统兼容，只要 IT 与 TN 或 TT 系统不并联运行即可。

1.2　触电急救

在电气操作和日常用电过程中，采取有效预防措施能有效地减少触电事故，但绝对避免是不可能的。所以触电急救处理是非常重要的，如果处理及时和正确，就可使触电而假死的人员获救，反之则会造成不可弥补的后果。因此，从事电气工作的相关人员应当熟悉和掌握触电急救知识，以便在关键时刻发挥作用。

1.2.1 触电急救的措施

触电急救的要点是动作迅速、救护得法，切不可惊慌失措。触电急救，首先要使触电者迅速脱离电源。在脱离电源的过程中，救护人员既要救人，也要注意保护自己。触电者未脱离电源前，救护人员切不可直接用手触及伤员，以避免触电危险。

1. 切断低压电源

脱离低压电源的方法如图1-9所示，可用"拉、切、挑、拽、垫"来概括。

a) 拉闸断电　　　　　　　　　　b) 切线断电

c) 挑线断电　　　　　　　　　　d) 拽离断电

图1-9　切断低压电源的方法

（1）拉　如果触电地点附近有电源开关或电源插座，可立即断开开关或拔出插头，切断电源。

（2）切　如果触电地点附近没有电源开关或电源插座（头），可用有绝缘柄的电工钳或有干燥木柄的斧头、铁锹等利器切断电线，切断电源。切断点应选择导线在电源侧有支持物处，防止带电导线断落触及其他人体。剪断电线时，要分相一根一根地剪断，并尽可能站在绝缘物体或干燥木板上。

（3）挑　当电线搭落在触电者身上或压在身下时，可用干燥的衣服、手套、绳索、皮带、木板、木棒等绝缘物及其他带有绝缘部分的工具，拉开触电者或挑开电线，使触电者脱离电源。

（4）拽　如果触电者衣服是干燥的，电线又没有紧缠在身上，不至于使救护人员直接触及触电者的身体时，救护人员可直接用一只手抓住触电者不贴身的衣服，将触电者拽离电源，也可站在橡胶垫或干燥的木制物等绝缘材料上，用一只手把触电者拽离电源，注意不可使用两只手。

（5）垫　如果电流通过触电者入地，并且触电者紧握导线，可设法用干燥的木板塞进其身下使其与大地绝缘而切断电流，然后采取其他的方法切断电源。

2．切断高压电源

因为高压电源电压等级高，一般绝缘物对抢救者不能保证安全，而且电源开关距离又远、不易切断电源，所以抢救高压触电者脱离电源与低压触电者脱离电源的方法大为不同。救护人员应第一时间通知有关部门停电，有条件的，可以戴上绝缘手套，穿上绝缘靴，并用绝缘棒断开电源开关，解救触电者。

 注意

触电急救应注意：

1）救护者不可直接用金属及潮湿的物体作为救护工具，而应使用适当的绝缘工具。救护者最好用一只手操作，以防自己触电。

2）为防止触电者脱离电源后可能的摔伤，特别是当触电者在高处时，应考虑防止坠落的措施。即使触电者在平地，也要注意触电者倒下的方向，以防摔伤。救护者也应注意救护中自身的防坠落、摔伤措施。

3）救护者在救护过程中，特别是在杆上或高处抢救伤者时，要注意自身、被救者与附近带电体之间的安全距离，防止再次触及带电设备。即使电气设备、线路的电源已断开，对未挂上接地线安全措施的设备也应视为有电设备。救护人员登高时应随身携带必要的绝缘工具和牢固的绳索等。

4）如事故发生在夜间，应设置临时照明灯，以便于抢救，避免意外事故，但不能因此延误切除电源和进行急救的时间。

1.2.2 现场急救

触电者脱离电源后，现场救护人员不仅要设法联系医疗急救中心（医疗部门）的医生到现场救治，而且同时应迅速判断触电者的伤情，对症抢救。

1．伤情判断

当触电者脱离电源后，应立即移到通风处，使其仰卧，迅速检查伤员全身，特别是呼吸和心跳。

（1）判断神志是否清醒　用10s时间大声呼叫触电者或轻拍其肩部，以判断其意识情况，察看触电者呼吸、对刺激的反应和其他循环体征，禁止摇动触电者头部进行呼叫。

（2）判断呼吸是否停止　观察触电者的胸部或腹部有无因呼吸而产生的起伏动作。若不明显，可用手或小纸条靠近触电者的鼻孔，观察有无气流流动；用手放在触电者胸部，感觉有无呼吸动作，若没有，则说明触电者呼吸已经停止。

（3）判断脉搏是否搏动　用手检查触电者颈部的颈动脉或腹股沟处的股动脉，看有无搏动，如有，则说明其心脏还在工作；另外还可以用耳朵贴在触电者心脏附近，听有无心脏跳动的声音，如有，则说明其心脏还在工作。

（4）判断瞳孔是否放大　瞳孔受大脑控制，如果大脑机能正常，瞳孔可随外界光线的强弱自动调节大小。处于死亡边缘或已死亡的人，由于大脑细胞严重缺氧，大脑中枢失去对瞳孔的调节功能，瞳孔会自行放大，对外界光线的强弱不能做出反应。

根据触电者的具体情况，如触电者无知觉，有心跳，无呼吸，应立即施行人工呼吸；如触电者心跳停止，呼吸尚存，应采取人工胸外心脏按压；若触电者呼吸与心跳都停止，则同时应用人工呼吸法和人工胸外心脏按压。以上情况在现场急救的同时都应拨打"120"通知医生前来抢救。

2. 人工呼吸操作步骤

1）首先把触电者移到空气流通的地方，最好放在平直的木板上，使其仰卧，然后使其头侧向一边，掰开嘴，清除口腔中的杂物、假牙等。如果舌根下陷应将其拉出，使呼吸道畅通，让其胸部自由扩张。

2）救护者用一只手紧捏触电者的鼻孔，扶正触电者的头部，使其鼻孔朝天，另一只手托住触电者的颈后，将颈部略向上抬，以便接受吹气。

3）救护者深吸一口气屏住，并用自己的嘴唇紧贴触电者的口腔，对口吹气约2s。同时观察其胸部是否有扩张，以判断吹气是否有效和合适。

4）一次吹气完毕后，救护者应立即与触电者口部脱离，轻轻抬起触电者头部，面向触电者胸部吸入新鲜空气，以便做下一次人工呼吸。同时使触电者的口张开，捏鼻的手也可放松，以便触电者从鼻孔通气，触电者胸部向下恢复时应有气流从触电者口腔排出。

按照上述步骤不断重复，每5s一次，如图1-10所示。

a) 清理口腔异物 　 b) 让头后仰

c) 贴嘴吹气 　 d) 放开嘴鼻换气

图1-10　人工呼吸步骤

小提示

吹气时要捏紧鼻孔，紧贴嘴巴，不能漏气，放松时应能使触电者自动呼气；如触电者牙关紧闭，无法撬开，可采用口对鼻吹气的方法；对体弱者和儿童吹气时，用力应稍轻，以免吹破肺泡。

3. 人工胸外心脏按压步骤

人工胸外心脏按压是触电者心脏停止跳动后使其心脏恢复跳动的急救方法，适用于各种创伤、电击、溺水、窒息、心脏疾病或药物过敏等引起的心脏骤停，是每一个电气工作人员都应该掌握的，其步骤如下。

1) 首先使触电者仰卧，姿势与人工呼吸相同，但是背着地应该比较坚固，使其头部充分后仰，或将其头部放在木板端部，在其胸后垫以软物。

2) 抢救者骑在触电者的腰部，两手相叠，用掌根部放在触电者胸窝上方。

3) 自上而下直线均衡地用力向脊柱方向挤压，使其胸部下陷 3~4cm，可以压迫心脏使其达到排血的作用，注意用力适中。

4) 使挤压到位的手掌突然放松，但手掌不要离开胸部，依靠胸部的弹性自动恢复原状。心脏自然扩张，血液又流回心脏。

按照上述步骤不断地进行，每秒一次，每分钟约 60 次，如图 1-11 所示。按压时定位要准确，压力要适中，不要用力过猛，避免造成触电者肋骨骨折、气胸、血胸等危险。

a) 手掌位置　　　　b) 左手掌压在右手掌上　　　　c) 掌跟用力下压　　　　d) 突然松开

图 1-11　人工胸外心脏按压步骤

案例应用

电气工程事故案例

——接地保护线烧伤人

(1) 事故经过　1994 年 4 月 6 日下午 3 时许，某厂 671 变电站运行值班员接班后，312 油断路器大修负责人提出申请要结束检修工作，而值班长临时提出要试合一下 312 油断路器上方的 3121 隔离刀开关，检查该刀开关贴合情况。于是，值班长在没有拆开 312 油断路器与 3121 隔离刀开关之间的接地线的情况下，擅自摘下了 3121 隔离刀开关操作柄上的"已接地"警告牌和挂锁，进行合闸操作。突然"轰"的一声巨响，强烈的电弧迎面扑向蹲在 312 油断路器前的大修负责人和实习值班员，2 人被电弧严重灼伤。

(2) 原因分析　本来 3121 隔离刀开关高出人头部约 2m，而且有铁柜遮挡，其电弧不应烧着人，可为什么却把人烧伤了呢？原来，烧伤人的电弧不是 3121 隔离刀开关的电弧，而是两根接地线烧坏时产生的电弧。两根接地线是裸露铜丝绞合线，操作员用卡钳卡住连接在设备上时，致使一股线接触不良，另一股绞合线还断了几根铜丝。所以，当违章操作时，强大的电流造成短路，不但烧坏了 3121 隔离刀开关，而且其中一股接地线接触不良处脱落发生强烈电弧，另一股绞合线铜丝断开处也发生强烈电弧，两股接地线瞬间电弧特别强烈，严重烧伤近处的 2 人。

造成这起事故的原因是临时增加工作内容并擅自操作，违反基本操作规程。

(3) 事故教训和防范措施

1) 交接班时以及交接班前后一刻钟内一般不要进行重要操作。

2）将警示牌"已接地"换成更明确的表述，如"已接地，严禁合闸"。严格遵守规章制度，绝对禁止带接地线合闸。

3）接地线的作用就在于，当发生触电事故时起到接地短路作用，从而保障人不受到伤害。所以，接地线质量要好，容量要够，连接要牢靠。

课堂练一练

判断下列做法是否恰当。

（1）心肺复苏应在现场就地坚持进行，但为了方便也可以随意移动伤员。

（2）触电急救时，一旦触电者没有呼吸和脉搏，即可放弃抢救。

（3）如果电流通过触电者进入大地，并且触电者紧握电线，用有绝缘柄的钳子将电线剪断时，必须快速一下将电线剪断。

（4）在易燃易爆场所带电作业，只要注意安全，防止触电，一般不会有危险。

（5）对神志不清的触电者，应将其就地仰面躺平，且确保呼吸道通畅，呼叫触电者或轻拍其肩部，以判断其是否丧失意识。

技能训练一　灭火器的使用

1. 灭火器的外形

常见的灭火器主要有泡沫灭火器、二氧化碳灭火器、干粉灭火器、1211灭火器和水基灭火器，其外形如图1-12所示。

a) 泡沫灭火器　　b) 二氧化碳灭火器　　c) 干粉灭火器　　d) 1211灭火器　　e) 水基灭火器

图1-12　常见灭火器外形

2. 常用灭火器的使用范围

（1）泡沫灭火器　这种灭火器适用于扑救一般火灾，比如油制品、油脂火灾等无法用水来施救的火灾，不能扑救水溶性可燃、易燃液体的火灾（如醇、酯、醚、酮等物质火灾），也不可用于扑灭带电设备的火灾。

（2）干粉灭火器　这种灭火器可扑灭一般的火灾，还可扑灭石油与有机溶剂等易燃液体、可燃气体和电气设备的初期火灾。

（3）二氧化碳灭火器　这种灭火器具有灭火剂流动性好、喷射率高、不腐蚀容器和不易变质等优良性能，可用来扑灭图书、档案、贵重设备、精密仪器、600V以下电气设备及油类的初期火灾。但不能扑救金属火灾，因为钠、镁、钾等活泼金属会与二氧化碳反应，此时二氧化碳会助燃。二氧化碳灭火器也不能扑救高压带电设备火灾，因为高压环境下空气有可能被击穿成为导体。

（4）水基型灭火器 这种灭火器适用于固体、液体火灾，不适用于带电设备火灾。一般可用于厨房及纺织物和编织物较多的场所。水基型灭火器有降温浸透的功能，对于固体深位火灾的灭火能力优于干粉灭火器。

3. 灭火器的使用步骤

灭火器使用诀窍就是五个字：看、提、拔、瞄、压。具体步骤如下：

1）要检查灭火器是否在正常的工作压力范围；黄色表示压力过大，绿色表示压力正常，红色表示压力不足。一般使用的时候指针要在绿色区域，不然应更换灭火器。

2）将灭火器上下颠倒几次，使里面的灭火剂松动或搅匀。

3）拔掉保险栓，直接用手拉住拉环使劲往外拉就可以了。

4）拉掉保险栓后，一只手握住压头，一只手抓好喷管，把灭火器竖直放置，按压的时候，灭火剂就会从喷管里面喷出来。

5）在喷射的时候，要对准火焰的根部，尽量站在离火焰3m左右的上风处，避免伤到自己，如图1-13所示。

图1-13 灭火器喷射

习题一

1-1 填空题

1）在处理触电事故现场时，首先要做的事是_____。

2）发现触电者呼吸、心跳停止时，应立即在现场用_____方法就地抢救，以支持呼吸和循环。

3）人体触电后，常会发生心脏脉搏、呼吸停止、失去知觉的现象，从外观上呈现出死亡的征象，这时人不是真正的死亡，称为_____状态。

4）在对触电者进行抢救采用胸外按压时要匀速，每分钟按压_____次为宜。

1-2 判断题

1）不同用途和不同电压的电力设备，可以使用一个总的接地体。　　　　　　（　　）

2）通常所说的电气设备对地电压也是指带电体与此零电势间的电势差。　　　（　　）

3）凡是低于36V的电压都称为安全电压。　　　　　　　　　　　　　　　（　　）

4）保护中性线可以借用工作中性线。　　　　　　　　　　　　　　　　　（　　）

5）电伤是电流流过人体内造成的内部器官在生理上的反应和病变。　　　　　（　　）

6）通过人体的电流越大，人体生理反应越强烈，对人体的伤害就越大。　　　（　　）

7）人体持续接触而不会使人直接致死或致残的电压为安全电压。　　　　　　（　　）

8）在中性点接地的电网中，电动机外壳可以接地。　　　　　　　　　　　　（　　）

1-3　选择题

1）当发现有人触电后，应采取的正确措施是（　　）。

A. 迅速把触电者拉离电源　　　　　　B. 迅速去喊人来帮忙

C. 迅速用剪刀剪断电线　　　　　　　D. 迅速切断电源后用绝缘物使触电者脱离电源线

2）下列做法中，不符合安全用电原则的是（　　）。

A. 不能在电线上晾衣服　　　　　　　B. 家庭电路中，用铜导线替代熔丝更安全

C. 控制家用电器的开关应安装在相线上

D. 发现有人触电，不能用手直接拉动触电者的身体，应该先切断电源

3）下列哪种灭火器适于扑灭电气火灾？（　　）

A. 二氧化碳灭火器　　　　　　　　　B. 干粉灭火器

C. 泡沫灭火器

4）金属梯子不适于以下什么工作场所？（　　）

A. 有触电可能的工作场所　　　　　　B. 坑穴或密闭场所

C. 高空作业

5）工厂内固定电线的插座损坏时，将可能导致（　　）。

A. 工作不方便　　　　B. 不美观　　　　C. 触电伤害

第2章 直流电路

学习目标 ≪≪

◇ 掌握电路的基本组成及电路的基本物理量。
◇ 掌握电压、电流参考方向的应用。
◇ 掌握电路的基本定律及应用。
◇ 掌握电阻串并联的计算。
◇ 掌握直流电路分析方法。

内容引入 ≪≪

当今社会，人们的衣食住行都与电息息相关，如做饭用的电饭煲（见图2-1a）、洗澡用的电热水器、调节室温用的空调。大型的工程及活动项目等都离不开电，生活中也有许多用电池的小电器、工具和玩具，例如手电筒和儿童玩的电动玩具车（如图2-1b所示），它们内部的电路是直流电路。下面我们就来学习电路的基本概念及直流电路的分析方法。

a)   b)

图 2-1　电饭煲和电动玩具车

2.1 电路的组成及其作用

2.1.1 电路及其组成

电路（Electric Circuit）是电流的通路，它是由各种元器件按一定的方式用导线连接组成的。电路通常由电源、负载和中间环节三部分组成。

电源是为电路提供电能的元件，如发电机、干电池、蓄电池、稳压电源等，如图2-2所示。电源可以将机械能、太阳能等其他形式的能量转换为电能。

负载是使用（消耗）电能的设备及元器件，如电动机、电灯、电热水壶等，如图2-3所示。

图 2-2　蓄电池及发电机

电路的组成
及作用

中间环节包括将电源和负载连成通路的导线、控制电路通断的开关、监测和保护电路的控制元件及仪器仪表设施等。图2-4所示为开关与导线，图2-5所示为最简单的实际照明电路，它由干电池（电源）、灯泡（负载）、开关（控制元件）与导线（连接件）等组成。

图2-3 电热水壶和电动机

图2-4 开关与导线　　　　　　图2-5 照明电路示意图

2.1.2 电路的作用

电路的应用十分广泛，其作用主要有以下两方面：

1）实现电能的转换、传输和分配。

例如，在电力系统中，发电机组将热能、水能、原子能等转换成电能，并通过变压器、输电线路将电能传输和配送到用户，然后根据实际需要又将电能转换成机械能、光能和热能等。图2-6为电网电能传输示意图。

图2-6 电网电能传输示意图

2）实现信号的传递和处理。

图2-7所示是一个扩音机的工作过程示意图，传声器将声音的振动信号转换为电信号

（即相应的电压和电流），经过放大器放大处理后，通过电路传递给扬声器，再由扬声器还原为声音。

为了便于对电路进行分析，可将电路实体中的各种电气设备和元器件用一些能够表征它们主要特性的理想元器件来代替，而对它们实际的结构、材料、形状等非电磁特性不予考虑。由理想元器件构成的电路称为实际电路的电路模型，也称为实际电路的电路原理图，简称电路图，与图 2-5 所示的照明电路对应的电路原理图如图 2-8 所示。

图 2-7　扩音机的工作过程示意图

图 2-8　照明电路原理图

课堂练一练

1. 电路由哪几部分组成？各部分的作用是什么？
2. 电路的作用是什么？

电路的基本物理量

2.2　电路的基本物理量

电路中的基本物理量有电流、电压（电位、电动势）和电功率等。

2.2.1　电流

导体中电荷的定向移动形成电流，规定正电荷定向移动的方向为电流的实际方向。表示这种电荷定向移动强弱的量叫电流，在大小上等于单位时间内通过导体横截面的电荷量。

方向不随时间而变化的电流称为直流电流（Direct Current，DC），通常又分脉动直流电和稳值直流电，可用大写字母 I 表示，它所通过的路径就是直流电路。在直流电路中，电流可写成

$$I = \frac{Q}{t} \tag{2-1}$$

式中，Q 是在时间 t 内通过导体横截面的电荷量，单位为库仑（C）。

大小和方向都随时间变化的电流称为交流电流（Alternating Current，AC），可用小写字母 i 表示。交流电流的定义式为

$$i = \frac{\mathrm{d}q}{\mathrm{d}t} \tag{2-2}$$

国际单位制中，电流的单位是安培（A），简称安。

知识链接

在电力系统中，某些电流可高达几千安，而某些电子电路中的电流通常只有千分之几安，因

此电流的常用单位还有毫安（mA）、微安（μA）等。常用的 SI（国际单位制）词头见表 2-1。

表 2-1　常用的 SI 词头

表示的因数	词头	符号	表示的因数	词头	符号
10^{12}	太	T	10^{-12}	皮	p
10^{9}	吉	G	10^{-9}	纳	n
10^{6}	兆	M	10^{-6}	微	μ
10^{3}	千	k	10^{-3}	毫	m

在分析电路时，事先不一定知道电路中电流的实际方向，有时电流的实际方向会随着时间的变化而不断改变，为此引入电流的参考方向的概念，参考方向是事先任意假定的方向。

电流参考方向的表示方法如下：

1）用实线箭头表示，如图 2-9a 所示。

2）用双下标表示，如 I_{AB} 表示电流的参考方向是由 A 指向 B，如图 2-9b 所示。

a）箭头表示法　　　　b）双下标表示法
图 2-9　电流的参考方向

在进行电路计算时，先任意选定某一方向作为待求电流的参考方向，并根据此方向进行计算，若计算结果为正值，则电流的实际方向与选定正方向相同；若计算结果为负值，则电流的实际方向与选定的方向相反。

 注意

1. 参考方向一经选定，在电路分析和计算过程中，不能随意更改。

2. 所选定的电流参考方向并不一定就是电流的实际方向。

【例 2-1】　在图 2-10 中，已知 $I = -3A$，试问正电荷的移动方向是怎样的？

【解】　因为 $I = -3A$ 为负值，电流的实际方向与参考方向（箭头方向）相反，即实际方向由 B 向 A，所以正电荷的方向是由 B 向 A。

图 2-10　例 2-1 图

2.2.2　电压、电位及电动势

1. 电压

电路中 A、B 两点之间的电压 U_{AB} 大小等于电场力移动单位正电荷由 A 点到 B 点所做的功，其表达式为

$$U_{AB} = \frac{W_{AB}}{Q} \tag{2-3}$$

式中，W_{AB} 是电场力移动单位正电荷 Q 由 A 点到 B 点所做的功。

电压的实际方向规定为由高电位指向低电位。国际单位制中，电压的单位是伏特（V），简称伏。

与电流方向的处理方法类似，可任选一方向为电压的参考方向。电压的参考方向可用箭头、"$+ / -$"极性及双下标来表示，如图 2-11 所示。

一段电路或一个元器件上电压的参考方向和电流的参考方向可以独立地加以任意选定。如果指定电流从电压"$+$"极性的一端流入，从"$-$"极性的一端流出，即电流的参考方

a) 箭头表示法　　　　　　b) 极性表示法　　　　　　c) 双下标表示法

图2-11　电压的参考方向

向与电压的参考方向一致，将电流和
电压的这种参考方向称为关联参考方
向，如图2-12a所示。反之，为非关
联参考方向，如图2-12b所示。

a) 关联参考方向　　　　　b) 非关联参考方向

图2-12　电压、电流参考方向关系

注意

只有在电压、电流参考方向选定之后，电压、电流的正负取值才有意义。电压参考方向
的选择是任意的，它与电流参考方向的选择无关。但是为了方便，在分析电路时常常将电流
和电压取关联参考方向。

2．电位

在电路中任选一点为参考点，则某点到参考点的电压就称为这一点的电位，用符号 V
表示，其单位为伏特（V）。参考点在电路中的电位为零，又称为零电位点，工程上常取大
地、电气设备的外壳、电路的公共连接点作为参考点，用符号"⊥"表示，如图2-13所示。

图2-13中，当选择 O 点为参考点时，则

$$V_A = U_{AO} \qquad V_B = U_{BO}$$

电路中 A、B 两点之间的电压 U_{AB} 与这两点电位的关系为

$$U_{AB} = U_{AO} + U_{OB} = U_{AO} - U_{BO} = V_A - V_B$$

所以，两点间的电压也就是它们的电位差。

3．电动势

电动势是衡量电源将非电能转换为电能的能力大小的物理量，用符号 E 表示，其单位
为伏特（V）。电动势的方向规定为在电源内部从负极（低电位）指向正极（高电位），用
箭头表示。图2-14中，$U_S = E$。

图2-13　电位示意图　　　　　图2-14　电源电动势与端电压的关系

【例2-2】　在图2-13中，已知 $U = -7V$，试求：1）U_{AB}、U_{BA} 分别等于多少？2）A、B
两点哪点的实际电位高？

【解】　1）因为 $U_{AB} = U$ 所以 $U_{AB} = -7V$；而 $U_{BA} = -U_{AB}$，故 $U_{BA} = 7V$。

　　　2）因为 $U_{AB} = V_A - V_B = -7V$，所以 $V_A < V_B$，即 B 点电位高。

2.2.3　电功率及电能

1. 电功率

电工技术中，单位时间内元器件吸收或发出的电能称为电功率，用 P 表示，功率的单位是瓦特（W）。

在电压和电流为关联参考方向下，电功率为

$$P = \frac{W}{t} = \frac{UIt}{t} = UI \tag{2-4}$$

在电压和电流为非关联参考方向下，电功率为

$$P = -UI \tag{2-5}$$

若计算得出 $P > 0$，则表示该部分电路吸收或消耗功率；若计算得出 $P < 0$，则表示该部分电路发出或提供功率。

2. 电能

电能定义为功率与时间的乘积。国际单位制中电能的单位是焦耳（J），简称焦。电能可以用电能表来测量。

$$W = UQ = UIt \tag{2-6}$$

实际应用中，电能的常用单位为千瓦时（kW·h）。1kW·h 的电能通常称为一度电。一度电为

$$1kW \cdot h = 1000W \times 3600s = 3.6 \times 10^6 J$$

课堂练一练

1. 试指出图 2-15a、b、c 所示各电路中哪端电位高。

图 2-15　题 1 图

2. 试分别求出图 2-16a、b、c 所示各元件的功率，并判断它是供能元件还是耗能元件。

图 2-16　题 2 图

3. 小鸟站在 220V 的输电线上为什么不会被电死？试用电压、电位的概念进行分析。

2.3　电路基本元件

电路基本元件

要分析一个电路，必须了解构成这个电路各元件的特性。这里先介绍直

流电路中常见的电阻、电容、电感、电压源和电流源。

2.3.1 电阻

1. 电阻的定义

当电流在导体中流过时，定向运动的自由电子与导体内的原子发生碰撞而受到阻碍，这种导体对电流的阻碍作用称为电阻，用字母 R 表示，电阻的单位是欧姆（Ω），实物外形如图 2-17a 所示，电路符号如图 2-17b 所示。

2. 欧姆定律

德国物理学家欧姆用实验的方法研究了电阻两端电流与电压的关系，并得出结论：流过电阻 R 的电流，与电阻两端的电压成正比，与电阻 R 成反比。这就是电学中最基本的定律——**欧姆定律**。如图 2-18 所示，电压、电流取关联参考方向时，欧姆定律用公式表示为

$$U = IR \tag{2-7}$$

a) 实物外形	b) 电路符号
图 2-17　电阻	

a) 关联参与方向	b) 非关联参与方向
图 2-18　欧姆定律	

电压、电流取非关联参考方向时，欧姆定律表示为

$$U = -IR$$

欧姆定律反映了电阻上电压与电流的关系，即电阻的伏安特性。

电阻的倒数称为电导，用字母 G 表示，单位是西门子（S），即

$$G = \frac{1}{R} \tag{2-8}$$

3. 电阻的伏安特性

表征电阻两端电压与电流之间关系的曲线称为电阻的伏安特性曲线。R 为常数的电阻称为线性电阻，其伏安特性曲线为一条通过坐标原点的直线，如图 2-19a 所示。其电压与电流关系为非直线的电阻称为非线性电阻，如白炽灯中常用的钨丝，其伏安特性曲线如图 2-19b 所示。

a) 线性电阻	b) 非线性电阻
图 2-19　电阻的伏安特性曲线	

4. 电阻的功率

由电功率的计算公式及欧姆定律可得，电阻任一时刻的功率为

$$P = UI = I^2R = \frac{U^2}{R} \tag{2-9}$$

说明电阻始终在吸收功率，是耗能元件。

超 导 现 象

1911 年，荷兰莱顿大学的卡末林·昂内斯意外地发现，将汞冷却到 −268.98℃ 时，汞的电阻突然消失了；后来他又发现许多金属和合金都具有与汞相类似的在低温下失去电阻的特性，对于这种特殊导电性能，卡末林·昂内斯称之为超导态；此温度称为临界温度。根据临界温度的不同，超导材料可以被分为高温超导材料和低温超导材料。卡末林·昂内斯由于他的这一发现获得了 1913 年诺贝尔奖。

超导材料和超导技术有着广阔的应用前景。超导现象中的迈斯纳效应使人们可以用此原理制造超导列车和超导船，由于这些交通工具是在悬浮无摩擦状态下运行的，这将大大提高它们的速度和安静性，并有效减少机械磨损。利用超导悬浮可制造无磨损轴承，将轴承转速提高到每分钟 10 万转以上。超导列车已于 20 世纪 70 年代成功地进行了载人可行性试验，并在 1987 年由日本开始试运行，但其经常出现失效现象，出现这种现象可能是由于高速行驶产生的颠簸造成的。1992 年 1 月 27 日，第一艘由日本船舶和海洋基金会建造的超导船"大和" 1 号在日本神户下水试航，不过目前仍未进入实用化阶段。利用超导材料制造交通工具在技术上还存在一定的障碍，但它势必会引发交通工具的一次革命浪潮。图 2-20 所示为悬浮中的超导体。

图 2-20　悬浮中的超导体

超导材料的零电阻特性可以用来输电和制造大型磁体。超高压输电会有很大的损耗，而利用超导体则可最大限度地降低损耗，但由于临界温度较高的超导体还未进入实用阶段，从而限制了超导输电的应用。随着技术的发展，新超导材料的不断涌现，超导输电或许能在不久的将来得以实现。现有的高温超导体还处于必须用液态氮来冷却的状态，但它仍旧被认为是 20 世纪最伟大的发现之一。

1987 年 2 月 24 日，中国科学院物理研究所宣布获得了临界温度为 −173℃ 的超导材料，使我国对超导体技术的研究处于世界领先水平。目前我国制成的超导材料临界温度已提高到 −120℃，即 153K 左右。

色环电阻的识别

电阻的标注方法主要有以下两种:

(1) **直标法**　它将电阻的类别及主要技术参数直接标注在它的表面上, 如图 2-21a 所示。

(2) **色标法**　它将电阻的类别及主要技术参数用颜色 (色环或色点) 标注在它的表面上, 如图 2-21b 所示。

色标法是通过在电阻上画有四道或五道色环 (分别为四环电阻和五环电阻) 来实现电阻标注的。紧靠电阻

a) 直标法　　　　　　　b) 色标法

图 2-21　电阻规格的表示方法

末端的为第 1 环, 然后依次为第 2 环、第 3 环、第 4 环。四环电阻的第 1、2 色环表示阻值的第 1、2 位数字;第 3 色环为倍数, 表示前两位数字再乘以 10 的多少次方;第 4 色环表示阻值的允许误差。

五环电阻第 1、2、3 色环表示阻值的 3 位数字;第 4 色环为倍数, 表示前 3 位数字再乘以 10 的多少次方;第 5 色环表示阻值的允许误差。1~4 道 (4 色标为 1~3 道) 色环是均匀分布的, 另外一道是间隔较远分布的, 读取色标应该从均匀分布的那一端开始。也可以从色环颜色断定从电阻的哪一端开始读, 因为最后一环只有三种色。

色环表示法中, 每种不同的颜色所对应的数值及误差见表 2-2。

表 2-2　电阻的色环表示对应数值

色环颜色	黑	棕	红	橙	黄	绿	蓝	紫	灰	白	金	银	本色
对应数值	0	1	2	3	4	5	6	7	8	9	—	—	—
误差	—	—	—	—	—	—	—	—	—	—	±5%	±10%	±20%

2.3.2　电容

图 2-22a 所示为几种电容器的外形, 电容器通常由两块金属极板中间隔绝缘介质组成。忽略其介质损耗时, 就得到电容元件, 其图形符号如图 2-22b 所示。

当电容元件两端加上电源时, 极板上即分别聚集起等量异号的电荷, 极板上所带电荷 q 与两极板间电压 u 成正比, 其比值称为电容元件的电容, 用字母 C 表示。即

a) 电容实物图　　　　　b) 电容元件符号

图 2-22　电容元件实物及符号

$$C = \frac{q}{u} \tag{2-10}$$

式中, C 的单位为法拉 (F)。

当电容极板间电压变化时，极板上电荷也随着改变，于是电容电路中出现电流 i。在电压电流参考方向一致时，由式(2-2) 和式(2-10) 可得电容元件的电流与其电压的变化率成正比，即

$$i = \frac{dq}{dt} = C \frac{du}{dt} \tag{2-11}$$

式中，C 的单位为 F；u 的单位为 V；t 的单位为 s；i 的单位为 A。

式(2-11) 指出电容元件的电流与它两端电压的变化率成正比。电容元件两端电压变化越快，电流越大；当电压不随时间变化时，则电流为零，因此在直流电路中，电容元件相当于开路，故电容元件有隔断直流（简称隔直）的作用。

电容元件的极板聚集电荷时，会在介质中形成电场，即储存了电场能，其大小为

$$W_C = \frac{1}{2} Cu^2 \tag{2-12}$$

当电容两端的电压绝对值增大时，电容元件吸收电源供给的电能并以电场能的形式储存起来，电容的能量增加，这个过程称为充电；当电容两端的电压绝对值减小时，电容元件将储存的电场能释放出去，电容的能量减少，这个过程称为放电。

 知识链接

电 解 电 容

电解电容是目前用得较多的电容器，它体积小、耐压高，是有极性电容。它的正极是金属片表面上形成的一层氧化膜，负极是液体、半液体或胶状的电解液。因其有正、负极之分，一般工作在直流状态下，如果极性用反，将使漏电流剧增，在此情况下，电解电容将会急剧变热而损坏，甚至引起爆炸。常见的电解电容有铝电解电容和钽电解电容两种，铝电解电容有铝制外壳，钽电解电容没有外壳，钽电解电容体积小价格昂贵。电解电容大多用于电源电路中，对电源进行滤波。铝电解电容采用负极标注，就是在负极端进行明显的标注，一般是从上到下的黑或者白条，条上印有 "–" 标记。新购买的直插式铝电解电容正极的引脚要长于负极引脚。钽电解电容采用正极标记，即在正极上有一条黑线注明 "+"。如图 2-23 所示。

a) 铝电解电容   b) 钽电解电容

图 2-23 电解电容的实物图

2.3.3 电感

电感元件是一种储能元件，工程中使用的电感是用导线绕制成的线圈，其实物图如图 2-24a所示，图形符号如图 2-24b 所示。

当电流 i 流过电感元件时，在电感元件内部将产生磁通 Φ，若磁通 Φ 与电感线圈中的 N 匝都交链，则磁链 $\Psi = N\Phi$，Ψ 与 Φ 都是由电感元件的电流所产生，且与电流成正

a) 电感实物图   b) 电感元件符号

图 2-24 电感元件实物及符号

比，即

$$\Psi = Li \tag{2-13}$$

式中，L 称为电感元件的自感或电感，单位为亨利（H）。

根据电磁感应定律，当电感元件中电流随时间变化时，磁链也随之改变，在其两端产生感应电压，此感应电压与磁链的变化率成正比。在电压和电流为关联参考方向下，感应电压为

$$u = \frac{\mathrm{d}\Psi}{\mathrm{d}t} = L\frac{\mathrm{d}i}{\mathrm{d}t} \tag{2-14}$$

式中，L 的单位为 H；i 的单位为 A；t 的单位为 s；u 的单位为 V。

当电感元件通过直流电流时，其两端电压 $u_L = 0$，这时电感元件相当于短路，所以在直流电路中电感相当于导线。

只要电感元件中有电流，元件中就有磁场，即储存着磁场能，其大小为

$$W_L = \frac{1}{2}Li^2 \tag{2-15}$$

所以电感元件是一种储能元件。

2.3.4 电压源

电源有两种形式：一种是以输出电压为主要作用的电压源（Voltage Source）；另一种是以输出电流为主要作用的电流源（Current Source）。

两端电压恒定，内部没有损耗的电源称为理想电压源，简称电压源，用 U_S 表示，图形符号如图 2-25a 所示，图 2-25b 是电池的图形符号。理想电压源的端电压不受负载的影响，其伏安特性曲线平行于 I 轴，如图 2-25c 所示。理想电压源有两个特点：①电压源输出的电压恒定，由自身决定，与流经它的电流大小、方向无关。②电压源输出的电流由外电路决定。

a）直流电压源　　　　b）电池符号　　　　c）伏安特性曲线

图 2-25　理想电压源

实际电压源内部具有损耗，可用一个理想电压源 U_S 与内阻 r 串联的模型表示，如图 2-26a 所示。

实际的电压源向负载供电时，随着电流的增加，其端电压下降，电压与电流的关系为

$$U = U_S - Ir \tag{2-16}$$

式（2-16）称为实际电压源的伏安特性方程，实际电压源的伏安特性曲线如图 2-26b 所示。

a) 实际电压源电路模型   b) 伏安特性曲线

图 2-26　实际电压源

应注意防止实际电压源被短路，以免电压 U_S 全部加在较小的内阻 r 上，使很大的电流流过电源，以致损坏电源。

2.3.5　电流源

能输出恒定电流、内部没有损耗的电源，称为理想电流源，简称电流源，用 I_S 表示，如图 2-27a 所示。理想电流源输出的电流不受负载的影响，其伏安特性曲线平行于 U 轴。理想电流源有两个特点：①电流源输出的电流值 I_S 恒定，由自身确定，与其端电压的大小、方向无关。②电流源两端的电压由外电路决定。

实际电流源内部具有损耗，可用理想电流源 I_S 与内阻 r 并联的模型来表示。当实际电流源接上负载时，随着电流的增加，其端电压下降。由于内阻的分流作用，其输出电流 I 与端电压 U 的关系为

$$I = I_S - \frac{U}{r} \tag{2-17}$$

式(2-17)称为实际电流源的伏安特性方程，实际电流源的电路模型及伏安特性曲线如图 2-27b 所示。

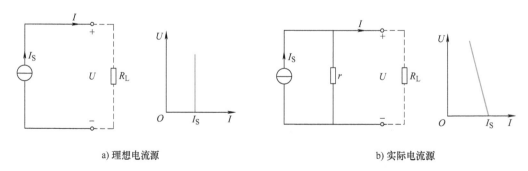

a) 理想电流源   b) 实际电流源

图 2-27　电流源

注意

实际电流源是不允许开路的，因为此时电流 I_S 全部流过内阻 r，而电流源的 r 一般都是很大的，这就会在电源两端形成很高的电压，以致损坏电源。

动动手

万用表的使用

万用表是一种可以测量多种电量的多量程便携式仪表，可以用来测量交流电压、直流电压、直流电流和电阻值等，是电工实验与电气维修的常用仪表。现以 DT - 830 型数字式万用表为例，介绍万用表的使用方法及使用注意事项。数字式万用表面板如图 2-28 所示。

图 2-28　数字式万用表

DT - 830 型数字式万用表面板上的显示器可显示四位数字，能显示的最大数是 1999。DT - 830 显示的四位数字中的后面 3 位能显示 0 ~ 9 共十个数字；最前面一位只能显示 "1" 或不显示数字，故称三位半万用表。最大指示为 "1999" 或 " - 1999"。当被测量超过最大指示值时，显示 "1"。

1. 数字式万用表的使用方法

（1）电源开关　使用时将电源开关置于 "ON" 位置；使用完毕置于 "OFF" 位置。

（2）转换开关　用以选择功能和量程，应根据被测的电量（电压、电流、电阻等）选择相应的功能位；按被测量的大小选择合适的量程。

（3）输入插座　将黑表笔插入 "COM" 插座。红表笔有如下三种接法：测量电压和电阻时插入 "V·Ω" 插座；测量小于 200mA 的电流时插入 "mA" 插座；测量大于 200mA 的电流时插入 "10A" 插座。

2. 万用表的使用注意事项

1）使用万用表时，应仔细检查转换开关的位置选择是否正确，若误用电流档或电阻档测量电压，则会造成万用表的损坏。

2）不允许带电测量电阻，否则会烧坏万用表。在测量电解电容和晶体管等元器件的电阻时要注意极性。不允许用万用表电阻档直接测量高灵敏度表头的内阻，以免烧坏被测表头。

3）万用表长时间不使用时，应取出电池，防止电池漏液腐蚀仪表。

4）不准用两只手捏住表笔的金属部分测电阻，否则会将人体电阻与被测电阻并联而引起测量误差。

课堂练一练

1. 试求图 2-29a、b、c、d 所示各电路中的电流 I 或电压 U。
2. 将图 2-30 简化为单一电源支路。

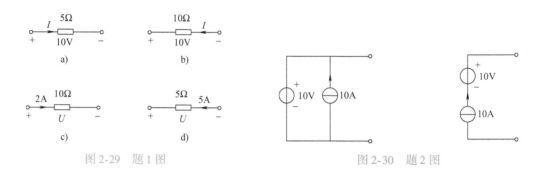

图 2-29　题 1 图　　　　　　　　图 2-30　题 2 图

2.4　电气设备的额定值及工作状态

2.4.1　额定值

为了保证元器件能够长期安全地正常工作，各种电气设备的电压、电流、功率等都有一个限定值——额定值。额定值是制造厂家为使电气设备能在给定条件下经济、可靠运行而规定的允许值，常标在设备的铭牌上或写在说明书中，包括额定电压 U_N、额定电流 I_N 和额定功率 P_N 等。

在额定值情况下，电气设备才能正常工作，这时的电路状态称为额定工作状态。使用电气设备时，必须严格按照额定值来选择相符的工作电压、电流等。如果工作电压远低于设备的额定值，设备往往不能正常工作；反之，如果工作电压远高于设备的额定值，将会损坏设备。应注意，由于电源电压的不稳定等原因，电气设备的实际工作电压、电流及功率不一定就等于额定值，而是接近额定值。

2.4.2　电路的三种工作状态

电路的工作状态有三种：开路、短路和有载工作状态。

1. 开路（断路）

如图 2-31 所示，开关 S 打开，电路中电流 $I = 0$，电路处于开路（断路）状态，亦称空载状态。这时电源的端电压称为开路电压或空载电压 U_0，$U_0 = U_S$。电路中所有元器件的功率之和为 0，即 $\sum P = 0$。

有时即使电路开关闭合，电路中仍没有电流，说明电路此时发生开路故障，如连接导线断开、元器件内部开路或连接点接触不良等。

2．短路

如图 2-32 所示的电路，电源两端因某种原因直接相连，负载的端电压 $U=0$，电路处于短路状态。这时电路中的电流称为短路电流 I_S，且 $I_S = U_S/r$。由于负载功率 $P=0$，所以电源将所有的电功率都提供给它的内阻，即 $P_S = P_r = I^2 r$。

由于电源的内阻一般很小，流过电源的短路电流会大大超出其额定电流，以致损坏电源，为了防止短路事故，常在电路中接入熔断器或断路器。

3．有载工作状态

如图 2-33 所示，当开关 S 闭合，电路中有电流 I，电路处于有载工作状态。根据基尔霍夫电压定律，电源的端电压 $U = U_S - Ir$，该式两边都乘以 I，则 $UI = U_S I - I^2 r$，其中，电源产生的电功率 $P_S = UI$，电源内阻上消耗的电功率 $P_r = I^2 r$，外电路负载消耗的电功率 $P = UI$，所以电路的功率平衡关系为 $P = P_S - P_r$。

图 2-31　电路的开路状态　　　图 2-32　电路的短路状态　　　图 2-33　电路的有载工作状态

课堂练一练

1．电路的三种基本状态分别是_____、_____、_____，其中可能引发恶性事故的状态是_____。

2．一个标有"500Ω、5W"的电阻，其额定电流为多少？其工作电压不应超过多少？

3．可以将一个 36V、15W 的灯泡接到 220V 的线路上工作吗？可以将 220V、25W 的灯泡接到 110V 的线路上工作吗？为什么？

2.5　基尔霍夫定律

前面学习了电阻、电压源、电流源三种元件所具有的规律，也就是元件对其电压和电流所形成的约束。电路作为元件连接起来的整体，还有整体应服从的规律，这就是基尔霍夫定律。

基尔霍夫定律

2.5.1　电路术语

在讲述基尔霍夫定律之前，以图 2-34 为例，学习几个电路中的名词术语。

1）支路：电路中流过同一电流的每一个分支（至少包含一个元件），称为支路。图 2-34 中共有三条支路：ACB、ADB、AR_3B。其中 ACB、ADB 中含有电源，称为有源支路；

AR_3B 中不含电源，称为无源支路。

2）节点：三条或三条以上支路的连接点称为节点。图 2-34 中共有两个节点：节点 A 和节点 B。

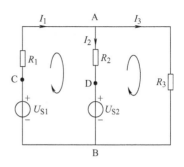

3）回路：电路中任一闭合路径称为回路。图 2-34 中共有三个回路：回路 ADBCA、回路 AR_3BDA、回路 AR_3BCA。

4）网孔：内部不含支路的回路称为网孔。图 2-34 中共有两个网孔：网孔 ADBCA、网孔 AR_3BDA。

图 2-34　电路举例

2.5.2　基尔霍夫电流定律

基尔霍夫电流定律（Kirchhoff Current Law，KCL）描述的是电路中任一节点上各支路电流之间的约束关系。基尔霍夫电流定律指出：任一时刻，流入任一节点的所有电流之和等于从该节点流出的电流之和，其数学形式为

$$\sum I_\text{入} = \sum I_\text{出} \tag{2-18}$$

也可写为

$$\sum I = 0 \tag{2-19}$$

KCL 可理解为任何时刻，对任一节点而言所有支路电流的代数和恒等于零。此时，若流出节点的电流前面取正号，则流入节点的电流前面取负号。

【例 2-3】　图 2-35 所示为某电路的一个节点，已知 $I_1 = 2\text{A}$，$I_2 = -4\text{A}$，$I_4 = 3\text{A}$，求 I_3。

【解】　根据式(2-18)，有

$$I_1 + I_2 = I_3 + I_4$$
$$I_3 = I_1 + I_2 - I_4 = 2\text{A} + (-4)\text{A} - 3\text{A} = -5\text{A}$$

I_3 为负值，说明 I_3 的实际方向与参考方向相反，是流入节点的。

图 2-35　例 2-3 图

2.5.3　基尔霍夫电压定律

基尔霍夫电压定律（Kirchhoff Voltage Law，KVL）描述的是电路中任一闭合回路内各元器件两端电压之间的约束关系。基尔霍夫电压定律指出：任何时刻，任一闭合回路内各段电压的代数和恒等于零，其数学形式为

$$\sum U = 0 \tag{2-20}$$

列回路电压方程时，首先需要选定一个回路绕行的方向。若回路中某段电压的参考方向与绕行方向一致，则该电压前面取" + "；若电压的参考方向与绕行方向相反，则取" - "。

在图 2-34 中，选定回路 ADBCA、AR_3BDA 的绕行方向均为顺时针方向，电阻两端电压的参考方向与其电流的参考方向一致（关联参考方向），由式(2-20)可知，其 KVL 方程分别为

$$I_2R_2 + U_\text{S2} - U_\text{S1} + I_1R_1 = 0$$
$$I_3R_3 - U_\text{S2} - I_2R_2 = 0$$

KVL 定律还可推广到非闭合的回路，在图 2-34 中，C、D 间无电路元器件，设其电压为 U_CD，按 ADCA 的顺时针绕向，其 KVL 方程为

$$I_2R_2 + I_1R_1 - U_\text{CD} = 0$$

按 DBCD 的顺时针绕向，其 KVL 方程为

$$U_{CD} - U_{S1} + U_{S2} = 0$$

知识链接

基 尔 霍 夫

基尔霍夫（Gustav Robert Kirchhoff，1824—1887），德国物理学家，如图 2-36 所示。他于 1824 年 3 月 12 日生于柯尼斯堡；1847 年毕业于柯尼斯堡大学；1848 年起在柏林大学任教；1850～1854 年在布雷斯劳大学任临时教授；1854～1875 年任海德堡大学教授；1874 年评选为柏林科学院院士；1875 年重回柏林大学任理论物理学教授直到 1887 年 10 月 17 日在柏林逝世。

1845 年，21 岁的基尔霍夫发表论文提出了稳恒电路网络中电流、电压、电阻关系的两条电路定律，即著名的基尔霍夫电流定律（KCL）和基尔霍夫电压定律（KVL），解决了电器设计中电路方面的难题。他后来又研究了电路中电的流动和分布，从而阐明了电路中两点间的电势差和静电学的电势这两个物理量在量纲和单位上的一致，使基尔霍夫定律具有更广泛的意义。直到现在，基尔霍夫定律仍旧是解决复杂电路问题的重要工具。基尔霍夫被称为"电路求解大师"。

图 2-36　基尔霍夫

课堂练一练

1. 基尔霍夫定律包括_____定律和_____定律，其中前者描述的对象是_____，表达式为_____，后者描述的对象是_____，表达式为_____。

2. 图 2-37 所示电路中，有几个节点？几条支路？几个回路？几个网孔？

3. 试求图 2-38a、b 所示各电路中的电流 I。

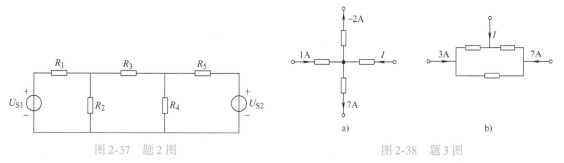

图 2-37　题 2 图　　　　图 2-38　题 3 图

2.6　电阻的串联、并联及混联

串联、并联是元器件常见的连接方式，实际电路中的元器件可以串联，也可以并联。电阻元件的串、并联为最基本的元件连接方式。

电阻的串联、并联及混联

2.6.1 电阻的串联

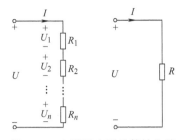

电阻的串联是指将两个或两个以上的电阻依次连接，使电流只有一条通路的连接方式，如图2-39所示。

电阻串联电路的特点如下：

1）电阻串联时流过各电阻的电流相同，电路两端的总电压等于各个电阻两端电压之和，即

图2-39 电阻的串联及等效电路

$$U = U_1 + U_2 + \cdots + U_n \tag{2-21}$$

2）串联的各电阻可以用一个等效电阻表示，其大小等于各串联电阻之和，即

$$R = R_1 + R_2 + \cdots + R_n = \sum_{i=1}^{n} R_i \tag{2-22}$$

3）电阻串联时具有分压作用，各电阻上的电压与其阻值成正比，即

$$U_1 : U_2 : \cdots : U_n = R_1 : R_2 : \cdots : R_n \tag{2-23}$$

当电路两端的电压一定时，串联的电阻越多，电路中的电流就越小，即电阻串联还具有限流作用。

2.6.2 电阻的并联

电阻的并联是指将两个或两个以上的电阻并列地连接在两点之间，使每个电阻两端都承受同一电压的连接方式，如图2-40所示。

电阻并联电路的特点如下：

1）电阻并联时各电阻两端的电压相同，电路中的总电流等于各电阻上的电流之和，即

图2-40 电阻的并联及等效电路

$$I = I_1 + I_2 + \cdots + I_n \tag{2-24}$$

2）并联的各电阻可以用一个等效电阻表示，等效电阻的倒数等于各并联电阻倒数之和，即

$$\frac{1}{R} = \frac{1}{R_1} + \frac{1}{R_2} + \cdots + \frac{1}{R_n} = \sum_{i=1}^{n} \frac{1}{R_i} \tag{2-25}$$

3）电阻并联具有分流作用，各电阻上的电流与其阻值成反比。如两个电阻并联，各电阻上分得的电流为

$$\begin{cases} I_1 = \dfrac{U}{R_1} = \dfrac{R_2}{R_1 + R_2} I \\ I_2 = \dfrac{U}{R_2} = \dfrac{R_1}{R_1 + R_2} I \end{cases} \tag{2-26}$$

2.6.3 电阻的混联

既有电阻串联又有电阻并联的电路称为电阻混联电路。对于这类电路，可以逐步利用电阻的串联、并联等效化简的办法进行分析，得到混联电路的等效电阻。

【例2-4】 如图2-41所示电路，已知电路中的 $R_1 = R_2 = 8\Omega$，$R_3 = 6\Omega$，$R_4 = 10\Omega$，求ab

两端的等效电阻 R_{ab}。

【解】 由图可知，假设电流从 a 点流进，分成三路，一路经 R_4 到 b 点，另外经 R_1 的一路与经 R_2 的一路汇集后再经 R_3 到 b 点。因此 4 个电阻之间的关系为 R_1 与 R_2 并联后与 R_3 串联，再与 R_4 并联。

a) 原电路

b) R_1、R_2 并联等效后的电路

$$R_{12} = R_1 // R_2 = \frac{8 \times 8}{8 + 8}\Omega = 4\Omega$$

$$R_{123} = R_{12} + R_3 = 10\Omega$$

$$R_{ab} = R_{1234} = R_4 // R_{123} = \frac{10 \times 10}{10 + 10}\Omega = 5\Omega$$

c) R_{12}、R_3 串联等效后的电路

d) 最终的等效电路

图 2-41　例 2-4 电路图

课堂练一练

1. 在图 2-42 所示电路中，已知 $U_{AB} = 6V$，$U = 2V$，则 $R = $ _____ Ω。

2. 在图 2-43 所示电路中，$R = $ _____ Ω。

图 2-42　题 1 图

图 2-43　题 2 图

2.7　电路分析方法与电路定理

电路分析是指已知电路结构和元器件参数，求解电路中的电压、电流和功率。下面讨论几种常见的电路分析方法和定理：电源等效变换法、支路电流法、叠加定理。

2.7.1　电源等效变换法

前面学习了实际电压源模型和电流源模型，在电路分析中，有时要求用电流源模型去等效地代替电压源模型，有时又有相反的要求，即要求两种电源模型进行等效变换。

这里所说的等效变换，是指外部等效，就是变换前后，端口处伏安关系不变。即图 2-44 中 A、B 间端口电压均为 U，端口处流出（或流入）的电流 I 相同。

图 2-44a 是电压源模型，其输出电流为

图 2-44　电流源模型与电压源模型的等效变换

$$I = \frac{U_S - U}{r} = \frac{U_S}{r} - \frac{U}{r} \qquad (2-27)$$

图 2-44b 边是电流源模型，其输出电流为

$$I = I_S - \frac{U}{r'} \tag{2-28}$$

根据等效的要求，式(2-27) 和式(2-28) 中对应项应该相等，即

$$I_S = \frac{U_S}{r}, \qquad r' = r \tag{2-29}$$

这就是两种电源模型等效变换条件。变换中两个电源的方向一定要注意，如果 A 点是电压源的参考正极，变换后电流源的电流参考方向应指向 A。

注意

两种电源模型等效变换时，应注意以下几点：

1）与理想电压源并联的任何元器件对外电路不起作用，等效变换时这些元器件可以去掉。

2）与理想电流源串联的任何元器件对外电路不起作用，等效变换时这些元器件可以去掉。

3）等效变换仅仅是对外电路而言，对于电源内部并不等效。

4）理想电压源的内阻等于零，理想电流源的内阻等于无穷大，所以理想电压源和理想电流源之间不能进行等效变换。

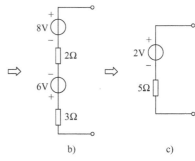

【例 2-5】 化简图 2-45a 所示电路。

【解】 化简过程如图 2-45 所示。

图 2-45　例 2-5 图

2.7.2　支路电流法

将 KCL 与 KVL 相结合可用于求解复杂电路。假设电路中共有 b 条支路、n 个节点时，可列出 $n-1$ 个节点的独立 KCL 方程和 $b-(n-1)$ 个独立的 KVL 方程，这种求解电路的方法称为支路电流法。

支路电流法以各条支路的电流为未知数，根据基尔霍夫定律列写方程求出支路电流。

下面以图 2-46 所示电路为例说明支路电流法的解题方法及步骤。图中电压源 U_{S1}、U_{S2} 和电阻 R_1、R_2、R_3 均是已知的。步骤如下：

图 2-46　支路电流法示例电路

1）确定电路中的支路数（b 条）、节点数（n 个），给各支路电流设定参考方向。

2）根据 KCL，对 $n-1$ 个节点列出节点电流方程。

3）根据 KVL，对 $b-(n-1)$ 个回路分别列出回路电压方程。

4）将 2)、3) 两步列出的方程联立求解，即可求得各支路电流的值。

【例 2-6】 在图 2-46 中，若 $U_{S1}=120\text{V}$，$U_{S2}=72\text{V}$，$R_1=2\Omega$，$R_2=3\Omega$，$R_3=6\Omega$，求各

支路电流。

【解】　该电路有 3 条支路，2 个节点，即 $b = 3$，$n = 2$。各支路电流参考方向如图中所示。

对节点 A 列 KCL 方程，有

$$I_1 + I_2 = I_3 \qquad ①$$

应用 KVL，对其中的 AR_3CBA 回路、AR_3CDA 回路选取顺时针方向，可分别列出其回路电压方程，即

$$I_3R_3 - U_{S2} + I_2R_2 = 0$$
$$I_3R_3 - U_{S1} + I_1R_1 = 0$$

将已知数据代入，即得

$$6I_3 - 72 + 3I_2 = 0 \qquad ②$$
$$6I_3 - 120 + 2I_1 = 0 \qquad ③$$

联合①、②、③求解方程组，解得

$$I_1 = 18\text{A}, \qquad I_2 = -4\text{A}, \qquad I_3 = 14\text{A}$$

2.7.3　叠加定理

叠加定理指出： 在多个电源同时作用的线性电路中，各支路（或元器件）的电流（或电压）等于电路中各个电源单独作用时，在该支路（或元器件）产生的电流（或电压）的代数和。

电源单独作用是指其他电源都作用为零，即电压源短路、电流源开路。

运用叠加定理可以将一个多电源的复杂电路分解为几个单电源的简单电路，从而使分析得到简化。叠加定理解题的基本思路是分解法，步骤如下：

1）拆——将电路拆成各独立电源单独作用时的分电路图，有几个独立电源就拆成几个图，标出各支路（或元器件）电流（或电压）的参考方向。不作用的电压源视为短路，不作用的电流源视为开路。

2）求——求出各分电路图中的各支路（或元器件）的电流（或电压）。

3）合——对各分电路图中同一支路（或元器件）电流（或电压）进行叠加求出代数和，参考方向与原图中参考方向相同的为正，反之为负。

【例 2-7】　在图 2-47a 中，已知 $U_S = 10\text{V}$，$I_S = 6\text{A}$，$R_1 = 2\Omega$，$R_2 = 3\Omega$，$R_3 = 6\Omega$，试求电流 I_1、I_2。

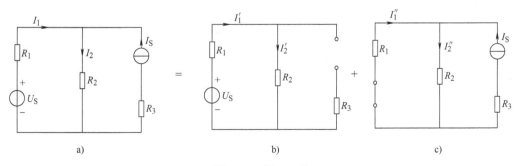

图 2-47　例 2-7 图

【解】 （1） U_S 单独作用时，电路如图 2-47b 所示。

$$I_1' = \frac{U_S}{R_1 + R_2} = \frac{10}{2+3}A = 2A$$

$$I_2' = 2A$$

（2） I_S 单独作用时，电路如图 2-47c 所示。

$$I_1'' = -I_S \frac{R_2}{R_1 + R_2} = -6 \times \frac{3}{2+3}A = -3.6A$$

$$I_2'' = I_S \frac{R_1}{R_1 + R_2} = 6 \times \frac{2}{2+3}A = 2.4A$$

将各分量进行叠加，即

$$I_1 = I_1' + I_1'' = (2 - 3.6)A = -1.6A$$

$$I_2 = I_2' + I_2'' = (2 + 2.4)A = 4.4A$$

应特别注意：叠加原理只适用于线性电路的电流和电压的计算，不适用于线性电路的功率计算。如例 2-7 中

$$P_1 = I_1^2 R_1 = (-1.6)^2 \times 2W = 5.12W$$

而

$$P_1' + P_1'' = [2^2 \times 2 + (-3.6)^2 \times 2]W = 33.92W$$

显然 $P_1 \neq P_1' + P_1''$。

 注意

运用叠加定理时，应注意以下几点：

1）叠加定理只适用于线性电路，而不适用于非线性电路。

2）某一电源单独作用其他电源不作用时，凡是电压源，将其用导线代替；凡是电流源，将其开路；并保持电路其他元器件不变。

3）叠加时注意各分电路的电压和电流的参考方向与原电路电压和电流的参考方向是否一致，求其代数和。

4）叠加定理不能用于计算功率。

课堂练一练

1. 将图 2-48 所示电路化简为最简单的电压源模型或电流源模型。

2. 图 2-49 中，已知 $I_{S1} = 2A$， $I_{S2} = 4A$， $R = 2\Omega$，试用叠加定理求各支路电流。

图 2-48 题 1 图　　　　　　　　　　　图 2-49 题 2 图

技能训练二　亮度可调手电筒电路仿真与制作

1. 任务描述

手电筒由发光体（如小灯泡）、电池、开关、外壳等组成，其基本原理是电流从电源流出，通过电路输出到小灯泡，小灯泡将电能转换为光能，从而实现照明功能。请设计并制作一个 6V/3W 小灯泡的亮度可调电路。

2. 仿真原理图设计

将 6V/3W 小灯泡近似等效于阻值为 12Ω 电阻，通过串联一个电位器分压来改变该灯泡两端的电压，进而影响该灯泡的功率，其仿真原理图如图 2-50 所示。

图 2-50　亮度可调手电筒电路仿真原理图

3. 仿真数据记录

按图 2-50 电路绘制仿真电路，电位器 RV 为 12Ω，改变箭头指向部分电阻与总电阻的比例，0% 对应阻值为 0Ω，100% 对应阻值为 12Ω。打开仿真开关 SW1，依次改变电位器阻值，将仿真数据填入表 2-3 中。

表 2-3　亮度可调手电筒电路仿真数据记录表

R/Ω	12	10	8	6	4	2	1	0
U/V								
I/A								
P/W								

4. 电路装配

按照图 2-51 进行实物连接，其中 L 为灯泡，R 为定值分压电阻，RP 为电位器，E 为干电池，S 为开关。

（1）元器件准备　参考电路配套元器件清单见表 2-4。

图 2-51　亮度可调手电筒电路装配图

表 2-4 亮度可调手电筒电路元器件清单

序号	器件编号	名称	型号/规格	数量
1	L	小灯泡	6V/3W	1
2	S	开关		1
3	RP	电位器	12Ω	1
4	R	定值电阻	12Ω	1
5	E	干电池	1.5V	8

（2）元器件好坏检测 用万用表检查灯泡、电位器、电阻、干电池是否损坏，对质量不符合要求的元器件予以剔除并更换。

（3）元器件焊接 在万用板上合理布局元器件，并焊接。

5. 电路调试与功能测试

经教师检查，确认无误后，合上开关，转动电位器，逐步降低其电阻，观察小灯泡的亮度。如出现故障，断电进行故障检查，排除故障。

6. 问题讨论

1）改变电位器对小灯泡有什么影响？

2）改变电位器的值能否使小灯泡熄灭？

习题二

2-1 试说明图 2-52a、b、c 所示各电路中电流的实际方向。

2-2 试指出图 2-53a、b、c 所示各电路中哪端电位高。

图 2-52 习题 2-1 图   图 2-53 习题 2-2 图

2-3 试求图 2-54a、b、c、d 所示各电路中的电流 I 或电压 U。

2-4 试分别求图 2-55 所示电路在开关 S 打开与闭合情况下各电表的读数。

图 2-54 习题 2-3 图   图 2-55 习题 2-4 图

2-5 试分别求出图 2-56a、b、c 所示各元件的功率，并判断它是供能元件还是耗能元件。

图 2-56　习题 2-5 图

2-6　试分别求图 2-57a、b 所示电路中各元件的功率，并校验整个电路的功率是否平衡。

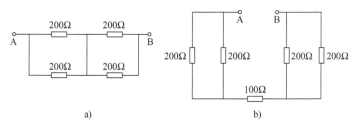

图 2-57　习题 2-6 图

2-7　试求图 2-58a、b 中无源二端网络的等效电阻 R_{AB}。

图 2-58　习题 2-7 图

2-8　已知一电烙铁铭牌上标有"25W，220V"，问电烙铁的额定工作电流为多少？其等效电阻为多少？

2-9　如图 2-59 所示电路，求电流 I 与电压 U。

2-10　求图 2-60 所示电路中各支路电流 I_1、I_2 与 I_3。

2-11　如图 2-61 所示，已知 $U_S = 10V$，$I_S = 1A$，$R_1 = 10\Omega$，$R_2 = R_3 = 5\Omega$，试求流过 R_2 的电流 I_2 和理想电流源 I_S 两端的电压 U。

图 2-59　习题 2-9 图　　　　图 2-60　习题 2-10 图　　　　图 2-61　习题 2-11 图

第3章
正弦交流电路

学习目标 ◀◀

◇ 掌握正弦量的三要素、正弦量的相量表示法。
◇ 掌握电阻元件、电感元件、电容元件的电压与电流相量关系。
◇ 掌握正弦交流电路的分析计算。
◇ 了解提高功率因数的意义和方法。
◇ 掌握三相电源的特点。
◇ 掌握三相对称负载在星形联结和三角形联结方式下的分析计算。
◇ 掌握三相功率的分析计算。

内容引入 ◀◀

日常生活用电和工业用电大多都是正弦交流电。正弦交流电主要由发电厂提供，发电厂的发电形式主要有火力发电、水力发电、核能发电、风力与太阳能发电等，如图3-1所示。

a) 火力发电

b) 水力发电

c) 核能发电

d) 风力与太阳能发电

图3-1 主要发电形式

交流电的产生与使用都比较方便，而且在输电过程中升降压容易；交流电动机比直流电动机结构简单、价格低、坚固耐用、使用和维护方便，所以交流电得到广泛应用。

3.1　正弦交流电路的基本概念

交流电是指大小和方向随时间做周期性交替变化的电动势、电压和电流。按正弦规律变化的交流电称为正弦交流电，而正弦电流、电压及电动势常统称为正弦量。

随时间变化的电流、电压、电动势在任一瞬时的值称为瞬时值，用小写字母 i、u、e 表示。一个正弦交流电压的表达式为

$$u = U_{\mathrm{m}}\sin(\omega t + \psi_u) \tag{3-1}$$

可见确定一个正弦量，必须确定解析式中的物理量 ω、U_{m} 及 ψ_u，这就是正弦量的三要素——角频率（频率）、幅值及初相位。

正弦量也可用如图 3-2 所示的正弦波形来表示。

正弦交流
电三要素

3.1.1　周期、频率、角频率

周期、频率与角频率都是表征正弦量变化快慢的物理量。

周期是指正弦量完整变化一次所需要的时间，用字母 T 表示，其单位为秒（s）。周期越长，表明交流电随时间变化得越慢。

单位时间内正弦量完成周期性变化的次数称为频率，用 f 表示，单位为赫兹（Hz）。频率越高，表明交流电随时间变化得越快。

频率 f 和周期 T 之间互为倒数关系，即

图 3-2　正弦交流电波形图

$$f = \frac{1}{T} \tag{3-2}$$

正弦量在单位时间内变化的电角度称为角频率，用 ω 表示，单位是弧度/秒（rad/s）。在一个周期 T 内，正弦量变化的角度为 2π 弧度，所以正弦量的角频率 ω、周期 T 和频率 f 之间的关系为

$$\omega = \frac{2\pi}{T} = 2\pi f \tag{3-3}$$

小提示

我国和世界上大多数国家的电力工业的标准频率（即工频）为 50Hz，少数国家和地区（如美国、日本等）采用 60Hz。除工频以外，生活中还有不少我们熟悉的信号频率。声音的频率为 20～20000Hz，无线电广播中波段的信号频率为 525～1605kHz，电视用的频率以 MHz 计。

三要素与其他常用量之间的关系

3.1.2　幅值、有效值

正弦量瞬时值中的最大值，称为幅值，用变量符号加下角标 m 表示，如

I_m、U_m 分别代表正弦电流和电压的幅值。幅值反映了正弦量变化幅度的大小，幅值越大，说明正弦量变化的幅度越大。

工程上常用的是有效值，设一个交流电流 i 通过电阻 R，在一周期内产生的热量与一个直流电流 I 通过同一电阻在相同时间内产生的热量相等，这个直流电流 I 称为该交流电流 i 的有效值。交流电流、电压、电动势的有效值用大写字母 I、U、E 来表示。

正弦电压和正弦电流的有效值与最大值的关系为

$$I = \frac{I_m}{\sqrt{2}} = 0.707 I_m \tag{3-4}$$

$$U = \frac{U_m}{\sqrt{2}} = 0.707 U_m \tag{3-5}$$

【例 3-1】 现有耐压分别是 400V、500V 和 600V 的三个电容器，问选用哪种电容器接在 380V 电源上？

【解】 电源电压的最大值 $U_m = \sqrt{2}\,U = \sqrt{2} \times 380V \approx 536V$，所以应当选用耐压为 600V 的电容器。电容器等元器件工作时都有一个使用电压限（即耐压值），超过此值会损坏设备。当这些元器件在交流电路下工作时，其耐压值需按交流电压的最大值进行考虑。

小提示

工程上交流电的大小一般都是指有效值。例如，交流测量仪器仪表上的读数，电气设备铭牌上的额定电流、额定电压都是有效值。但是各种电子元器件和电气设备的绝缘要求，则是按照最大值来衡量的。

3.1.3 相位、初相位、相位差

式（3-1）中，（$\omega t + \psi_u$）称为正弦量的相位，不同的相位对应着不同的瞬时值。$t = 0$ 时的相位为 ψ_u，称为初相位。初相位是描述正弦交流电初始状态的参数。初相位的大小与计时起点的选择有关，计时起点选择不同，正弦量的初相位就不同。如图 3-3 所示，计时起点取在 A 处，电压的初相位 $\psi_u = 0°$；计时起点取在 B 处，电压的初相位 $\psi_u = 90°$。习惯上常取初相位的绝对值小于 π。初相位的单位是"弧度"（rad），但为了方便有时也用"度"（°）表示。

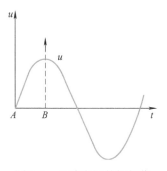

图 3-3 正弦电压的初相位

两个同频率正弦量的相位之差称为相位差。例如，i 和 u 为两个同频率正弦量，有

$$i = I_m \sin(\omega t + \psi_i)$$
$$u = U_m \sin(\omega t + \psi_u)$$

i 和 u 的相位差为

$$\varphi = (\omega t + \psi_i) - (\omega t + \psi_u) = \psi_i - \psi_u \tag{3-6}$$

从式（3-6）可以看出，两个同频率正弦量的相位差只取决于它们的初相位之差，与时间无关。两个同频率的正弦量如 i_1 和 i_2 的相位差波形图如图 3-4 所示。

a) φ>0

b) φ<0

c) φ=0

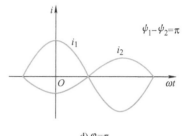

d) φ=π

图 3-4　同频率正弦量的相位差

 归纳

同频正弦量
的相位关系
判断

当 $\varphi > 0$ 时，则 i_1 超前 i_2 一个角度 φ，如图 3-4a 所示。

当 $\varphi < 0$ 时，则 i_1 滞后 i_2 一个角度 φ，如图 3-4b 所示。超前与滞后是相对的，i_1 滞后 i_2，也可以说是 i_2 超前 i_1。

当 $\varphi = 0$ 时，即 $\psi_1 = \psi_2$，则两者同时达到最大值、最小值和零值，就称二者同相，如图 3-4c 所示。

当 $\varphi = \pi$ 时，即二者变化趋势相反，就称二者反相，如图 3-4d 所示。

【例 3-2】　已知某电路中加有正弦交流电压 $u = 311\sin\left(628t - \dfrac{\pi}{4}\right)\mathrm{V}$ 后，得到正弦交流电流 $i = 5\sin\left(628t + \dfrac{\pi}{3}\right)\mathrm{A}$，求电压和电流的有效值、频率、周期，比较它们之间的相位关系。

【解】　由于 u 和 i 为正弦交流电，根据式(3-4) 和式(3-5) 可知电压、电流的有效值为

$$U = \frac{U_{\mathrm{m}}}{\sqrt{2}} = \frac{311}{\sqrt{2}}\mathrm{V} = 220\mathrm{V}$$

$$I = \frac{I_{\mathrm{m}}}{\sqrt{2}} = \frac{5}{\sqrt{2}}\mathrm{A} = 3.54\mathrm{A}$$

从已知条件可知，电压和电流为同频率的正弦量，其频率 f、周期 T 为

$$f = \frac{\omega}{2\pi} = \frac{628}{2\pi}\mathrm{Hz} = 100\mathrm{Hz}$$

$$T = \frac{1}{f} = \frac{1}{100}\mathrm{s} = 0.01\mathrm{s}$$

由已知条件可知，电压和电流的初相位为

$$\psi_u = -\frac{\pi}{4} \qquad \psi_i = \frac{\pi}{3}$$

电压与电流的相位差为 $\varphi = \psi_u - \psi_i = \left(-\frac{\pi}{4}\right) - \frac{\pi}{3} = -\frac{7}{12}\pi < 0$

所以电压滞后电流$\frac{7}{12}\pi$。

课堂练一练

1. 已知流过某电阻的电流 $i = 10\sqrt{2}\sin(628t + 45°)$ A，则

(1) $I_m = $ _____ ，$I = $ _____ ，$\psi = $ _____ 。

(2) $\omega = $ _____ ，$f = $ _____ ，$T = $ _____ 。

(3) 当 $t = 10$ms 时，$i = $ _____ 。

2. 已知两正弦量 $u_1 = 60\sin\left(628t + \frac{\pi}{2}\right)$V，$u_2 = 80\sin\left(628t - \frac{\pi}{3}\right)$V，求它们各自的频率和初相位，指出两个正弦量的相位关系。

3.2 正弦量的相量表示法

正弦量可以用数学表达式表示，也可以用波形图来表示。但是，对同频率的交流电路的分析和计算来说，这两种方法显得非常烦琐，因而引入正弦量的相量表示法，目的是简化交流电路的分析运算。

相量表示法的基础是复数，所以这里先简单介绍复数及其运算。

3.2.1 复数及运算

图 3-5 所示复平面中，A 为复数。横轴为实轴，单位是 $+1$，a 是 A 的实部。纵轴为虚轴，单位是 j，b 是 A 的虚部，在数学中虚轴的单位用 i 表示，电工技术中为了与电流的符号 i 相区别而用 j 表示。A 与实轴正半轴的夹角 θ 称为辐角，r 为复数的模。

复数的表示有代数形式（$A = a + jb$）、三角形式（$A = r\cos\theta + jr\sin\theta$）、指数形式（$A = re^{j\theta}$）和极坐标形式（$A = r \underline{/\theta}$）共四种。在正弦交流电路分析与计算时，常用代数形式和极坐标形式。它们之间的关系为

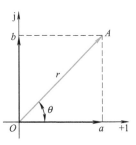

图 3-5 复平面上的相量表示

$$A = a + jb \quad 其中 \begin{cases} a = r\cos\theta \\ b = r\sin\theta \end{cases}$$

$$A = r \underline{/\theta} \quad 其中 r = \sqrt{a^2 + b^2}$$

$$\theta = \arctan\frac{b}{a} \quad (\theta \leqslant 2\pi)$$

复数可以很方便地进行四则运算，设有两个复数

$$A_1 = a_1 + jb_1 = r_1 \underline{/\theta_1}$$
$$A_2 = a_2 + jb_2 = r_2 \underline{/\theta_2}$$

加减运算为

$$A_1 \pm A_2 = (a_1 \pm a_2) + j(b_1 \pm b_2)$$

复数的加减运算用其代数形式，运算时实部和虚部分别相加或相减即可。乘除运算为

$$A_1 \times A_2 = r_1 \underline{/\theta_1} \times r_2 \underline{/\theta_2} = r_1 r_2 \underline{/(\theta_1 + \theta_2)}$$
$$\frac{A_1}{A_2} = \frac{r_1 \underline{/\theta_1}}{r_2 \underline{/\theta_2}} = \frac{r_1}{r_2} \underline{/(\theta_1 - \theta_2)}$$

复数的乘除运算，用极坐标形式比较方便。两个复数相乘（除）时，模相乘（除），辐角相加（减）。

3.2.2　复数的相量表示

在电工技术中，将与正弦量对应的复数称为相量，用大写字母上面加小圆点"·"表示。由于正弦量的大小有幅值和有效值两种表示方式，所以与正弦量对应的相量也就有两种形式：幅值相量和有效值相量。这里主要讨论有效值相量。

对于正弦电压 $u = U_m \sin(\omega t + \psi_u)$，其相量为

$$\dot{U} = \frac{U_m}{\sqrt{2}} \underline{/\psi_u} = U \underline{/\psi_u}$$

相量运算类似于复数运算，但是，相量表达式中只含正弦交流电的有效值和初相位两个要素，若需分析两个以上的正弦量并在同一复平面中确定它们之间的关系，其前提是这些正弦量必须是同频率的。只有同频率的正弦量才能进行相量运算。

相量在复平面上的几何图形称为相量图，如图 3-6 所示。同频率的正弦量，由于它们之间相位差不变，因而可以将它们的相量画在同一个相量图上。不同频率的正弦量用相量表示时，不能画在同一相量图上。

图 3-6　正弦量的相量图

正弦量是时间的正弦函数，而相量是一种复数。相量仅用来表示正弦量，其本身并不等于正弦量，即瞬时值符号 i 与相量 $\dot{I}$ 不能画等号，同样，相量 $\dot{I}$ 与其有效值 I 也不相等。

【例 3-3】　试写出下列正弦量的相量形式并做出相量图。

$$i_1 = 5\sqrt{2} \sin(314t + 30°) \text{A}$$

$$i_2 = 10\sqrt{2}\sin(314t - 45°)\,\text{A}$$

【解】 正弦量对应的相量为

$$\dot{I}_1 = 5\,\underline{/30°}\,\text{A}$$

$$\dot{I}_2 = 10\,\underline{/-45°}\,\text{A}$$

相量图如图 3-7 所示。

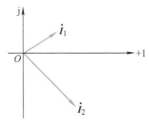

图 3-7 例 3-3 相量图

课堂练一练

1. 试写出下列正弦量所对应的相量。

（1） $i = 220\sqrt{2}\sin(\omega t + 75°)\,\text{A}$

（2） $u = 50\sin(314t + \pi/3)\,\text{V}$

2. 试写出下列相量所对应的正弦量（频率 $f = 50\text{Hz}$）。

（1） $\dot{I} = 10\,\underline{/5\pi}\,\text{A}$ （2） $\dot{U} = 127\,\underline{/60°}\,\text{V}$

3. 试指出下列各式的错误。

（1） $I = 5\sqrt{2}\sin(\omega t + 45°)\,\text{A} = 5\,\underline{/45°}\,\text{A}$ （2） $u = 110\sin(942t)\,\text{V} = 110\,\underline{/0°}\,\text{V}$

3.3 正弦交流电路中的电路元件

在许多电子产品、电子线路和各种电路中都大量使用电阻、电感和电容。掌握电阻元件、电感元件、电容元件在正弦交流电路中的电压与电流关系、功率关系是分析复杂交流电路的基础。

3.3.1 正弦交流电路中的电阻元件

1. 电压与电流的相量关系

如图 3-8a 所示，通过线性电阻 R 的正弦交流电流为 i，在电阻两端产生电压 u。为了便于分析，取电阻 R 上电流、电压的参考方向为关联参考方向。假设

$$i = I\sqrt{2}\sin\omega t \xrightarrow{\text{表示为相量}} \dot{I} = I\,\underline{/0°}$$

由欧姆定律 $u = iR$ 可得

$$u = IR\sqrt{2}\sin\omega t = U\sqrt{2}\sin\omega t \xrightarrow{\text{表示为相量}} \dot{U} = \dot{I}R = U\,\underline{/0°}$$

电阻两端电压与电流为同频率的正弦量，此时电流、电压的波形图和相量图分别如图 3-8b、c 所示。

电阻元件两端电压、电流关系的相量形式为

$$\dot{U} = R\dot{I} \tag{3-7}$$

式（3-7）就是电阻电路中欧姆定律的相量表达式。该相量表达式包含了电阻元件电压、电流相位和大小的关系。

1）大小关系为 $\qquad\qquad U = IR$

a) 电路图 b) 电压与电流的波形图

c) 电压、电流相量图 d) 瞬时功率波形图

图3-8 电阻元件的正弦交流电路

2) 相位关系为

$\psi_u = \psi_i$，即电阻元件中的电压与电流同频率、同相位。

2. 电阻元件的功率

电阻元件通入正弦电流后，电阻上消耗的功率也是随时间而变化的，称为瞬时功率，用小写字母 p 表示，即

$$p = ui = \sqrt{2}U\sin\omega t \cdot \sqrt{2}I\sin\omega t = UI(1 - \cos2\omega t) \tag{3-8}$$

瞬时功率波形如图3-8d所示，由瞬时功率波形图或式（3-8）可见，功率虽然随时间变化，但其始终为正。在工程中，将瞬时功率一个周期内的平均值，称为平均功率，又称为有功功率，简称功率，用大写字母 P 表示，单位为瓦特（W），简称瓦。

经计算，电阻元件的平均功率为

$$P = UI = RI^2 = \frac{U^2}{R} \tag{3-9}$$

 小提示

在生活中瞬时功率的实用价值不大，平时所说的功率指的是平均功率，其单位为瓦（W）。例如功率为100W的白炽灯，就是指在额定工作时白炽灯消耗的平均功率是100W。电路实际消耗的电能等于平均功率乘以通电时间。

3.3.2 正弦交流电路中的电感元件

1. 电压与电流的相量关系

如图3-9a所示，在一个电感元件上加一正弦交流电流 i，设电流为

$$i = \sqrt{2}I\sin\omega t \xrightarrow{\text{表示为相量}} \dot{I} = I \underline{/0°}$$

则电感元件的电压为

$$u = L\frac{di}{dt} = \omega LI_m\cos\omega t = U_m\sin(\omega t + 90°) \xrightarrow{\text{表示为相量}} \dot{U} = j\omega L\dot{I} = U \underline{/90°}$$

电感元件两端的电压与电流为同频率的正弦量，电压、电流的波形图和相量图如图3-9b、c所示。

a) 电路图　　b) 电压、电流的波形图

c) 电压、电流相量图　　d) 瞬时功率波形图

图 3-9　电感元件的正弦交流电路

由此可以得到电感元件 L 两端的电压、电流关系的相量形式为

$$\dot{U} = j\omega L\dot{I} = jX_L\dot{I} \tag{3-10}$$

式中，$X_L = \omega L = 2\pi fL$ 是感抗，表征电感元件对电流的阻碍作用，单位为欧姆（Ω）。

L 一定时，频率越高，X_L 越大，在一定电压下，I 越小。

式（3-10）包含了电感元件两端的电压、电流的大小关系和相位关系，具体如下：

1）大小关系为

$$U = I\omega L$$

2）相位关系为电感元件上的电压、电流同频率，$\psi_u = \psi_i + 90°$，电压超前电流 90°。

2. 电感元件的功率

电感元件的瞬时功率表达式为

$$p = ui = 2UI\sin\omega t\sin(\omega t + 90°) = 2UI\sin\omega t\cos\omega t$$
$$= UI\sin2\omega t \tag{3-11}$$

波形图如图 3-9d 所示。可见，电感元件的瞬时功率 p 的频率是 u、i 频率的两倍，按正弦规律变化。在第一个和第三个 1/4 周期内，u 和 i 同为正值或同为负值，故 $p > 0$，说明电感元件从外界吸收能量；而在第二个和第四个 1/4 周期内，u 和 i 一正一负，故 $p < 0$，说明电感元件在此期间释放能量。在整个周期内的平均功率为零，说明电感元件只与外电路进行能量交换，其本身不消耗能量，故它只是储能元件。因此引入无功功率来衡量电感元件与外界交换能量的规模，即

$$Q_L = UI = X_L I^2 = \frac{U^2}{X_L} \tag{3-12}$$

为了区别于有功功率，无功功率的单位为乏（var）或千乏（kvar）。

小提示

初学者应注意两点：第一，无功功率并不是无用功率，无功只表示交换能量，它仍具有实际物理含义；第二，有功功率（平均功率）是电阻上所消耗的功率。

【例 3-4】　一个线圈的电感 $L = 350\mathrm{mH}$，其电阻可忽略不计，接至频率为 50Hz、电压为 220V 的交流电源上，求流过线圈的电流 I。画出相量图，并计算无功功率。若保持电源电压不变，电源频率变为 5kHz，线圈中的电流与无功功率又是多少？

【解】　（1）$X_L = 2\pi f L = (2\pi \times 50 \times 0.35)\Omega = 110\Omega$

$$I = \frac{U}{X_L} = \frac{220}{110}\mathrm{A} = 2\mathrm{A}$$

$$Q_L = I^2 X_L = (2^2 \times 110)\mathrm{var} = 440\mathrm{var}$$

设 $\dot{U} = 220 \underline{/0°}\ \mathrm{V}$，则 $\dot{I} = 2 \underline{/-90°}\ \mathrm{A}$，相量图如图 3-10 所示。

图 3-10　例 3-4 的相量图

（2）$X_L = 2\pi f L = (2\pi \times 5000 \times 0.35)\Omega \approx 11\mathrm{k}\Omega$

$$I = \frac{U}{X_L} = \frac{220}{11 \times 10^3}\mathrm{A} = 20\mathrm{mA}$$

$$Q_L = I^2 X_L = (20 \times 10^{-3})^2 \times 11 \times 10^3\,\mathrm{var} = 4.4\mathrm{var}$$

3.3.3　正弦交流电路中的电容元件

1. 电压与电流的关系

如图 3-11a 所示，在一个电容元件上加一正弦交流电压 u，将产生电流 i。

设电压为

$$u = U\sqrt{2}\sin\omega t \xrightarrow{\text{表示为相量}} \dot{U} = U\underline{/0°}$$

则电容元件的电流为

$$i = C\frac{\mathrm{d}u}{\mathrm{d}t} = \omega C U_\mathrm{m}\cos\omega t = I_\mathrm{m}\sin(\omega + 90°) \xrightarrow{\text{表示为相量}} \dot{I} = \mathrm{j}\omega C\dot{U} = I\underline{/90°}$$

电容元件两端的电压与电流为同频率的正弦量，电压、电流的波形图和相量图如图 3-11b、c 所示。

a) 电路图　　　b) 电压、电流的波形图

c) 电压、电流相量图　　　d) 瞬时功率波形图

图 3-11　电容元件的正弦交流电路

由此可以得到电容元件两端的电压、电流关系的相量形式为

$$\dot{U} = -\mathrm{j}\frac{\dot{I}}{\omega C} = -\mathrm{j}X_C\,\dot{I} \qquad (3\text{-}13)$$

式中，$X_C = \dfrac{1}{\omega C}$是容抗，表征电容元件对电流的阻碍作用，单位是欧姆（Ω），简称欧。

C一定时，频率越高，X_C越小，在一定电压下，I越大。

式(3-13)包含了电容元件两端的电压、电流大小和相位的关系，具体如下：

1）大小关系为

$$U = X_C\,I$$

2）相位关系为电容元件上的电压、电流同频率，$\psi_i = \psi_u + 90°$，电流超前电压90°。

2. 电容元件的功率

电容元件瞬时功率的表达式为

$$p = ui = 2UI\sin\omega t\sin(\omega t + 90°) = 2UI\sin\omega t\cos\omega t$$
$$= UI\sin 2\omega t \qquad (3\text{-}14)$$

瞬时功率波形图如图3-11d所示，可见，电容元件的瞬时功率p的频率是u、i频率的两倍，按正弦规律变化，在第一个和第三个1/4周期内，u和i同为正值或同为负值，故$p > 0$，说明电容元件从外界吸收能量；而在第二个和第四个1/4周期内，u和i一正一负，故$p < 0$，说明电容元件在此期间释放能量。在整个周期内的平均功率为零，说明电容元件不消耗电能，它只是储能元件。

电容元件的无功功率为

$$Q_C = -UI = -X_C I^2 = -\frac{U^2}{X_C} \qquad (3\text{-}15)$$

电容元件的无功功率为负值，表明它与电感元件交换能量的过程相反。在同一电路中，电感吸收能量的同时，电容释放能量，反之亦然。

小提示

通常，我们常将电容上的无功功率称为容性无功，其值为负；而将电感的无功功率称为感性无功，其值为正。

【例3-5】　某元件两端的电压$\dot{U} = 220\ \underline{/30°}$ V，流过的电流$\dot{I} = 10\ \underline{/120°}$ mA，试确定该元件的性质及其感抗或容抗的大小。

【解】　因为$\dot{U} = 220\ \underline{/30°}$ V，$\dot{I} = 10\ \underline{/120°}$ mA，即元件的电压初相位落后电流初相位90°，所以该元件是电容元件。

其容抗$X_C = \dfrac{U}{I} = \dfrac{220}{10}\mathrm{k\Omega} = 22\mathrm{k\Omega}$。

课堂练一练

1. 电阻元件只有（　　）功率，没有（　　）功率；电感与电容元件只有（　　）功率，没有（　　）功率。

A. 有功　　　B. 无功　　　　C. 无法确定

2. 已知 R、L、C 三个元件分别接于 $f = 50\text{Hz}$ 的正弦交流电源上，其中 $R = 10\Omega$，$L = 0.3\text{H}$，$C = 100\mu\text{F}$。

（1）感抗 $X_L =$ _____，容抗 $X_C =$ _____。

（2）若流过各元件的电流 $\dot{I}$ 均为 $100\ \underline{/30°}\ \text{mA}$，三个元件上的电压相量分别为 $\dot{U}_R =$ _____，$\dot{U}_L =$ _____，$\dot{U}_C =$ _____。

3. 判断下面各式的正误。

（1）在纯电阻电路中

$$u = IR, \qquad i = I_m\sqrt{2}\sin\omega t, \qquad R = \frac{u}{i}, \qquad R = \frac{U_m}{I}$$

（2）在纯电感电路中

$$u = Li, \qquad u = L\frac{\mathrm{d}i}{\mathrm{d}t}, \qquad \dot{U} = -jX_L\dot{I}, \qquad i = \frac{u_L}{\omega L}, \qquad I = \frac{U}{X_L}$$

（3）在纯电容电路中

$$u = L\frac{\mathrm{d}i_C}{\mathrm{d}t}, \qquad X_C = -j\omega C, \qquad \dot{U} = \frac{\dot{I}}{\omega C}, \qquad I = \frac{U}{X_C}$$

3.4　正弦交流电路的分析与计算

对于交流电路的任意瞬间，直流电路中的电路定律、定理以及相关电路分析方法仍然适用。下面将利用相量法讨论电阻、电感、电容元件串联电路的伏安关系（大小和相位关系）以及功率计算。

3.4.1　RLC 串联正弦交流电路

1. 电流、电压与阻抗

RLC 串联电路的典型电路如图 3-12a 所示，其相应的相量电路模型如图 3-12b 所示。所谓相量电路模型，就是将电路参数 L、C 分别用 jX_L、$-jX_C$ 代替，将瞬时值 u、i 用相量 $\dot{U}$、$\dot{I}$ 表示，采用相量法来分析的电路模型。

a) 电路图　　b) 相量电路模型　　c) 相量图

图 3-12　*RLC* 串联电路

串联电路中通过各元件的电流是同一电流，设电流为

$$i = I\sqrt{2}\sin\omega t \xrightarrow{\text{表示为相量}} \dot{I} = I\ \underline{/0°}$$

则端口总电压为

$$u = u_R + u_L + u_C$$

其对应的相量形式为

$$\dot{U} = \dot{U}_R + \dot{U}_L + \dot{U}_C = \dot{U}_R + \dot{U}_X$$

根据单一参数的电流与电压关系

$$\dot{U}_R = R\dot{I} \qquad \dot{U}_L = jX_L\dot{I} \qquad \dot{U}_C = -jX_C\dot{I}$$

电压与电流的相量图如图 3-12c 所示。可见 $\dot{U}$、$\dot{U}_R$、$\dot{U}_X$ 的大小组成一个直角三角形，称为电压三角形，如图 3-13a 所示。

a) 电压三角形　　　　　　b) 阻抗三角形　　　　　　c) 功率三角形

图 3-13　电压、阻抗和功率三角形

$$\dot{U} = R\dot{I} + jX_L\dot{I} - jX_C\dot{I} = [R + j(X_L - X_C)]\dot{I} = Z\dot{I} \tag{3-16}$$

$$Z = R + j(X_L - X_C) = R + jX \tag{3-17}$$

由式(3-17) 可见，Z 是一个复数，它的实部为电阻 R，虚部为电抗 X，因而，称 Z 为复阻抗，单位为欧姆（Ω）。其极坐标形式为 $Z = |Z|\underline{/\varphi}$，$|Z|$ 称为复阻抗的阻抗值，φ 为阻抗角。

$$\begin{cases} |Z| = \sqrt{R^2 + X^2} = \sqrt{R^2 + (X_L - X_C)^2} \\ \varphi = \arctan \dfrac{X}{R} = \arctan \dfrac{X_L - X_C}{R} \end{cases} \tag{3-18}$$

由式(3-18) 可得

$$Z = \frac{\dot{U}}{\dot{I}} = \frac{U\underline{/\varphi_u}}{I\underline{/\varphi_i}} = \frac{U}{I}\underline{/(\psi_u - \psi_i)}$$

其中

$$\begin{cases} |Z| = \dfrac{U}{I} \\ \varphi = \psi_u - \psi_i \end{cases} \tag{3-19}$$

综上所述，式(3-18) 和式(3-19) 分别从两个角度对复阻抗进行了描述，复阻抗 Z 只决定于电路本身参数，且复阻抗 Z 又决定了电路中电压与电流的大小和相位关系。通过阻抗角 φ 可以判断电路的性质。

其中，$|Z|$、R 与 X 三者的关系可以用一个直角三角形表示，称为阻抗三角形，如图 3-13b所示。阻抗三角形与电压三角的形是相似三角形，将电压三角形三边除以 I 便得到阻抗三角形。

1）当 $X_L > X_C$ 时，$\varphi > 0$，即 $\varphi_u - \varphi_i > 0$，电压超前电流，称这种电路为感性电路。

2）当 $X_L < X_C$ 时，$\varphi < 0$，即 $\varphi_u - \varphi_i < 0$，电压滞后电流，称这种电路为容性电路。

3）当 $X_L = X_C$ 时，$\varphi = 0$，即 $\varphi_u - \varphi_i = 0$，电压与电流同相，称这种电路为纯电阻电路。

2. 功率

将图 3-13a 电压三角形每边乘以 I 得到图 3-13c，各边的数量反映了电路中的功率关系，因此称为功率三角形。

总电压 U 与电流 I 的乘积定义为电路的视在功率，用符号 S 表示，它的单位为伏安（V·A）。

$$S = UI \tag{3-20}$$

用视在功率表示交流设备的容量是比较方便的。通常所说的变压器容量，就是指它的视在功率。例如 50kV·A（千伏安）的变压器、100kV·A 的变压器等。

根据功率三角形，可以推出在 RLC 串联电路中，有功功率 P、无功功率 Q 的计算公式为

$$\begin{cases} P = UI\cos\varphi \\ Q = UI\sin\varphi \\ S = UI = \sqrt{P^2 + Q^2} \end{cases} \tag{3-21}$$

式中，$\cos\varphi = \dfrac{P}{S}$ 称为电路的功率因数，用 λ 表示。

功率因数的大小反映了电源设备容量利用率的高低。

P、Q 和 S 都不是正弦量，所以不能用相量表示。

【例 3-6】　某一工频电路由电阻 R、电感 L、电容 C 串联构成，已知 $R = 30\Omega$，$L = 127\text{mH}$，$C = 40\mu\text{F}$，电源电压 $\dot{U} = 220 \underline{/-30°}\text{V}$，求：（1）电路的复阻抗 Z；（2）电路的性质；（3）电流 i；（4）电路的有功功率 P、无功功率 Q 及视在功率 S。

【解】　（1）根据题意得

$$X_L = \omega L = 314 \times 127 \times 10^{-3}\Omega = 40\Omega$$

$$X_C = \frac{1}{\omega C} = \frac{1}{314 \times 40 \times 10^{-6}}\Omega = 80\Omega$$

电路的复阻抗为　$Z = R + jX = [30 + j(40 - 80)]\Omega = 50 \underline{/-53.13°}\Omega$

（2）因为 $\varphi = -53.13°$，所以电路呈容性。

（3）　　　　$\dot{I} = \dfrac{\dot{U}}{Z} = \dfrac{220 \underline{/-30°}}{50 \underline{/-53.13°}}\text{A} = 4.4 \underline{/23.13°}\text{A}$

所以

$$i = 4.4\sqrt{2}\sin(314t + 23.13°)\text{A}$$

（4）电路中的视在功率为 $S = UI = 220 \times 4.4 \text{V} \cdot \text{A} = 968 \text{V} \cdot \text{A}$

电路中的无功功率为 $Q = S\sin\varphi = 968\sin(-53.13°)\text{var} = -774.4\text{var}$

电路中的有功功率为 $P = S\cos\varphi = 968\cos(-53.13°)\text{W} = 580.8\text{W}$

 知识拓展

荧光灯电路

荧光灯（见图 3-14）是应用较为普遍的一种照明灯具。

1. 荧光灯照明电路的结构

荧光灯是由灯管、辉光启动器、镇流器、灯架和灯座等组成的。

1）灯管：由玻璃管、灯丝和灯丝引出脚组成，玻璃管内抽成真空后充入少量汞以及氩等惰性气体，管壁涂有荧光粉，在灯丝上涂有电子粉。

2）辉光启动器：由氖管、纸介质电容、出线脚和外壳组成，氖管内装有 U 形动触片和静触片。

3）镇流器：主要由铁心和线圈等组成。使用时注意：镇流器功率必须与灯管功率相符。

4）灯架：有木制和铁制两种，规格应配合灯管长度。

5）灯座：灯座有开启式和弹簧式两种。

2. 荧光灯的工作原理

荧光灯的原理接线图如图 3-15 所示。当荧光灯接入电路后，电源电压经过镇流器、灯丝，加在辉光启动器的 U 形金属片和静触点之间，引起辉光放电。放电时产生的热量使双金属片膨胀并向外伸张，与静触点接触，接通电路，使灯丝受热并发射出电子。与此同时，由于双金属片与静触点相接触而停止辉光放电，使双金属片逐渐冷却并向里弯曲，脱离静触点。在触点断开的瞬间，在镇流器两端会产生一个比电源电压高得多的感应电动势。这个感应电动势加在灯管两端，使大量电子在灯管中流过。电子在运动中冲击灯管内的气体，发出紫外线。紫外线激发灯管内壁的荧光粉后，发出近似日光的可见光。

图 3-14　荧光灯外形图

图 3-15　荧光灯的原理接线图

镇流器另外还有两个作用：一个是在灯丝加热时，限制灯丝所需的加热电流值，防止灯丝因加热温度过高而烧断，并保证灯丝的电子发射能力；二是在灯管起辉后，维持灯管的工作电压并使灯管的工作电流限制在额定值，以保证灯管能稳定工作。

3.4.2 功率因数的提高

1. 提高功率因数的意义

功率因数 $\lambda = \cos\varphi = \dfrac{P}{S}$ 越大，线路电流 $I = \dfrac{P}{U\cos\varphi}$ 就越小，线路损耗 $\Delta P = I^2 r$ 就越小，电源的利用率越高，因而提高功率因数是很有必要的。

常用交流异步电动机在空载时的功率因数为 0.2 ~ 0.3，而在额定负载时为 0.83 ~ 0.85；不装电容的荧光灯，功率因数为 0.45 ~ 0.6。为了提高供电电源的效率，我国电力系统供用电规则指出，高压供电的工业企业的平均功率因数应不低于 0.95，其他单位不低于 0.9。

2. 提高功率因数的方法

提高功率因数 λ 最简便的办法，是利用电容与感性负载相并联，如图 3-16a 所示。这样就可以使电感中的磁场能量与电容中的电场能量交换，从而减少电源与负载间能量的互换。

由图 3-16b 可知，感性负载并联电容前，电流 $\dot{I}_L$ 滞后于电压 $\dot{U}$ 的角度为 φ_1。此时，总电流 $\dot{I} = \dot{I}_L$ 滞后电压 $\dot{U}$ 的角度也为 φ_1。并联电容以后，$\dot{U}$ 不

a) 电路图　　　　b) 相量图

图 3-16　功率因数的提高

变，感性负载中电流 $\dot{I}_L$ 不变，电容支路中电流 $\dot{I}_C$ 超前 $\dot{U}$ 的角度为 90°。总电流 $\dot{I} = \dot{I}_L + \dot{I}_C$，$\dot{I}$ 与 $\dot{U}$ 间相位差变小。所以 $\cos\varphi_2 > \cos\varphi_1$，这样，并联电容后整个电路的功率因数比未并联电容时的功率因数提高了。

由图 3-16b 进一步分析，得出将功率因数由 $\cos\varphi_1$ 提高到 $\cos\varphi_2$ 所需并联的电容为

$$C = \frac{P}{\omega U^2}(\tan\varphi_1 - \tan\varphi_2) \tag{3-22}$$

【例 3-7】　已知一台交流 50Hz 的"380V，250kV·A"变压器，带动功率因数 $\cos\varphi_1 = 0.8$ 的感性负载满载运行，如负载并联补偿电容，将功率因数提高到 0.95，试求：（1）电容的 C 值；（2）此变压器还能带多少千瓦的电阻性负载？

【解】　（1）因为 $\cos\varphi_1 = 0.8$，所以 $\varphi_1 = 36.9°$，$\tan\varphi_1 = 0.75$

$$\cos\varphi_2 = 0.95,\ \varphi_2 = 18.2°,\ \tan\varphi_2 = 0.329$$

负载功率为 $P = S_N \cos\varphi_1 = 250 \times 0.8\text{kW} = 200\text{kW}$

由式（3-22）可得

$$C = \frac{200 \times 10^3}{2 \times 3.14 \times 50 \times 380^2} \times (0.75 - 0.329)\text{F} = 1.86 \times 10^{-3}\text{F}$$

$$= 1.86 \times 10^3\ \mu\text{F}$$

（2）提高功率因数后，变压器输出的无功功率为

$$Q = S_N \sin\varphi_2 = 250 \times 0.3123\text{kvar} = 78.1\text{kvar}$$

增加的电阻负载功率 ΔP 为

$$\Delta P = (\sqrt{250^2 - 78.1^2} - 200)\,kW = 37.5\,kW$$

即此变压器还能带 37.5kW 的电阻性负载。

归纳

可见，在感性电路的两端并联上一个合适的电容器，可以改善电路的功率因数，大大提高电源的利用率。并联电容后，电路的功率因数提高，供电线路上的电流降低。

课堂练一练

1. 对于电感性负载电路，如何提高功率因数？提高功率因数的意义何在？
2. 对于并联电容提高感性电路的功率因数，下列说法正确的是（　　　）。
A. 并联电容器的电容量越大，电路的功率因数提高得越多
B. 并联电容提高功率因数后，整个电路的有功功率增加
C. 并联电容后，电路的总电流有效值减小
D. 并联电容器的电容量适当小或较大均可提高功率因数，从经济效益上考虑应并联电容量适当小的电容器为好
3. 对于并联电容提高感性电路的功率因数，下列说法正确的是（　　　）。
A. 提高功率因数可以增加电路的有功功率
B. 提高功率因数可以增加电路的无功功率
C. 提高功率因数可以减小电路的无功功率
D. 提高功率因数可以增加感性电路的有功功率

3.5　三相交流电路

三相交流电是目前世界上使用最为广泛的交流电。由三相交流电源供电的电路称为三相电路。前面所介绍的单相交流电源只是三相电源中的一相，正弦交流电路的分析方法对三相交流电路都适用，但是由于三相电路中的电流、电压也有自身的特点，因此三相电路的分析也有其特殊之处。

3.5.1　三相电源

目前我国电力系统所采用的供电方式为三相四线制，它由三相交流发电机产生三相电源。三相交流发电机的原理如图 3-17 所示，三相交流发电机中有三个几何形状、尺寸和匝数都相同、空间上彼此间隔120°的绕组，分别为 A、B、C相。将每相绕组的始端 A_1、B_1、C_1 称为"相头"，末端 A_2、B_2、C_2 称为"相尾"。发电机转子旋转时，各绕组内感应出频率相同、幅值相等而相位相差120°的感应电压，这三个感应电压称为对称三相电压（或对称三相电源）。令 A 相初相

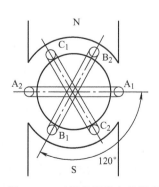

图3-17　三相交流发电机示意图

位为 0°，则 B 相滞后 A 相 120°、C 相滞后 B 相 120°，则对称三相电源的三相电压可表示为

$$\begin{cases} u_A = U_m \sin\omega t \\ u_B = U_m \sin\ (\omega t - 120°) \\ u_C = U_m \sin\ (\omega t + 120°) \end{cases} \tag{3-23}$$

其相量表达式为

$$\begin{cases} \dot{U}_A = U \underline{/0°} \\ \dot{U}_B = U \underline{/-120°} \\ \dot{U}_C = U \underline{/120°} \end{cases} \tag{3-24}$$

对称三相电压的波形图和相量图如图 3-18 所示。

显然，对称三相电压的瞬时值之和为零，相量之和也为零，即

$$\begin{cases} u_A + u_B + u_C = 0 \\ \dot{U}_A + \dot{U}_B + \dot{U}_C = 0 \end{cases} \tag{3-25}$$

通常将三相电压的幅值出现的顺序称为相序，如图 3-18 所示的三相电源的相序是 A→B→C→A，称为正序，如果相序为 A→C→B→A，则称为逆序。无特殊说明时，三相电源默认为正序。

三相发电机的每一相绕组都是独立的电源，可分别与负载相连，构成三个独立的单相供电系统，这种供电方式需要六根导线，很不经济，实际中不被采用。通常是将三相绕组接成星形（Y）或三角形（△）后，再向负载供电。三相电源的连接方式有两种，即星形联结和三角形联结。

1. 三相电源的星形（Y）联结

三相电源的星形联结如图 3-19 所示，将三相绕组的相尾接在一起，相头引出三根导线与负载相连。相尾的连接点称为中性点或零点，用字母 N 表示，从中性点 N 引出的导线称为中性线或零线。绕组的相头 A_1、B_1、C_1 分别引出三根导线，称为相线。这种有中性线的供电方式称为三相四线制，没有中性线的供电方式称为三相三线制。

a) 对称三相电源的波形图　　b) 对称三相电源的相量图

图 3-18　对称三相电压的波形图和相量图　　　　　图 3-19　三相电源的星形联结

三相电源为星形联结时，有两组电压。相线和中性线间的电压称为相电压，分别为 $\dot{U}_A$、

$\dot{U}_B$、$\dot{U}_C$，相电压的方向规定为相线指向中性线。通常用 U_P 表示对称的三个相电压的有效值。任意两根相线之间的电压称为线电压，分别为 $\dot{U}_{AB}$、$\dot{U}_{BC}$、$\dot{U}_{CA}$，线电压的正方向由双下标字母的先后次序决定。通常用 U_L 表示对称的三个线电压的有效值。根据规定的参考方向，对称三相电源各相电压和线电压的相量图如图 3-20 所示，相电压和线电压之间的相量关系为

$$\begin{cases} \dot{U}_{AB} = \dot{U}_A - \dot{U}_B = \sqrt{3}\,\dot{U}_A\ \underline{/30°} \\ \dot{U}_{BC} = \dot{U}_B - \dot{U}_C = \sqrt{3}\,\dot{U}_B\ \underline{/30°} \\ \dot{U}_{CA} = \dot{U}_C - \dot{U}_A = \sqrt{3}\,\dot{U}_C\ \underline{/30°} \end{cases} \tag{3-26}$$

由图 3-20 可见，由于三相电压对称，线电压在相位上比相应的相电压超前 30°，所以线电压也是对称的。由此可得线电压与相电压的关系如下：

1）线电压的大小是相电压大小的 $\sqrt{3}$ 倍，即

$$U_L = \sqrt{3}\,U_P \tag{3-27}$$

2）线电压超前对应的相电压 30°。

 小提示

需要指出的是，电源星形联结并引出中性线时可以提供两套对称三相电压，一套是对称的相电压，另一套是对称的线电压。我国的低压配电系统通常采用三相四线制供电方式，它能提供两种电压，即相电压 220V、线电压 380V，以满足不同用户的需要。

2. 三相电源的三角形（△）联结

三相电源的三角形联结如图 3-21 所示，它将三相电源的相头与相尾依次相连，并从三个连接处分别引出三根导线与负载相连。三角形联结的电源只能采用三相三线制供电方式。

由图 3-21 可知，线电压就是相应的相电压，其有效值关系为

$$U_L = U_P \tag{3-28}$$

图 3-20　三相电源星形联结时的电压相量图

图 3-21　三相电源的三角形联结

当三相电源对称时，三个相电压的相量和为零。这表明三角形回路中各段电压之和等于零，即这个闭合回路中没有电流（环流）经过。

三相电源的三角形联结，必须是首尾相连，这样在电源闭合的回路中各电压之和等于零，在外部没有接上负载时，这一闭合回路中才没有电流。如有一相接反，三相电压之和不等于零，因每相绕组的内阻抗很小，将在内部回路上出现很大的环流，而烧坏绕组。所以三相电源三角形联结时，必须进行检查，检查时保留最后一个连接点不接，形成一个开口三角形，用电压表检查开口处的电压，如读数为零，表示接法正确，再接成封闭三角形。

 小提示

发电机接成三角形联结后，若某相绕组接错，将会出现很大的环路电流，所以一般发电机三相绕组都采用星形联结，而不采用三角形联结。对于变压器的接线，星形和三角形联结都有。

 动动手

低压验电器的使用

低压验电器（又称电笔）是电工常用工具之一，可用于判别物体是否带电，还经常被用来区分日常照明电路中的相线或中性线。它的测电范围是 $60 \sim 500V$，有钢笔式和螺钉旋具式。它由笔尖（金属体）、电阻、氖管（俗称氖泡）、笔身、小窗、弹簧和笔尾的金属体组成，其外形及结构如图3-22所示。当低压验电器接触带电体时，只要带电体、低压验电器和人体、大地构成通路，并且带电体与大地之间的电位差超过一定数值（例如60V），低压验电器中的氖管就会发光（不论是交流还是直流），也就是说被测物体带电，并且超过了一定的电压强度。

图3-22　低压验电器的外形及结构

使用低压验电器时要注意：

1）使用低压验电器前，首先要检查其内部有无电阻，各部件是否损坏，有无进水或受潮，并在保证安全的前提下检查其是否可以正常发光，检查合格后方可使用。

2）测量时手指握住低压验电器笔身，食指或掌心触及笔身尾部金属体，低压验电器的小窗应该朝向自己的眼睛，以便于观察，如图3-23所示。

3）在较强的光线下或阳光下测试带电体时，应采取适当的避光措施，以防观察不到氖管是否发亮，造成误判。

图3-23　低压验电器的手持方法

4）低压验电器可用来区分相线和中性线，接触时能使氖管发亮的是相线，不亮的是中性线。它也可用来判断电压的高低，氖管亮度越暗，则表明电压越低；氖管越亮，则表明电压越高。

5）当用低压验电器触及电机、变压器等电气设备外壳时，如果氖管发亮，则说明该设备有漏电现象。

6）用低压验电器测量三相三线制电路时，如果两根很亮而另一根不亮，则说明这一相有接地现象。在三相四线制电路中，当发生单相接地现象时，用低压验电器测量中性线，氖管也会发亮。

7）低压验电器笔尖与螺钉旋具形状相似，但其可以承受的扭矩很小，因此不能用其安装或拆卸电气设备，以防受损。

3.5.2 三相负载

在三相负载中，若每相负载的大小和性质都相同，则称为对称三相负载。若负载的大小或性质不一样，则称为不对称三相负载。三相负载的连接方式有星形联结和三角形联结两种，负载的连接方式由负载的额定电压决定。每种连接方式又分为对称负载联结和不对称负载联结。这里主要讨论对称负载联结。

1. 三相负载的星形（Y）联结

三相电源和三相负载都是星形联结的三相四线制电路如图3-24a所示，N′称为负载中性点。显然，由图3-24a可以看出，当忽略导线阻抗时，电源的相、线电压就分别是负载的相、线电压。

a) 三相四线制电路　　　　　　　　b) 星形负载的电流相量图

图3-24　三相负载的星形联结

三相负载电路中，流过每根相线的电流称为线电流，即 $\dot{I}_U$、$\dot{I}_V$、$\dot{I}_W$，其有效值用 I_L 表示，其参考方向规定为由电源流向负载；而流过每相负载的电流称为相电流，其有效值用 I_P 表示，其参考方向与线电流一致；流过中性线的电流称为中性线电流，以 $\dot{I}_N$ 表示，其参考方向规定为由负载中性点流向电源中性点。在星形联结的电路中，线电流等于相电流，即

$$I_L = I_P = \frac{U_P}{|Z|} \tag{3-29}$$

根据 KCL，中性线电流与各线电流（相电流）的相量关系为

$$\dot{I}_{\mathrm{N}} = \dot{I}_{\mathrm{U}} + \dot{I}_{\mathrm{V}} + \dot{I}_{\mathrm{W}}$$

若三相负载对称，由于各相电压对称，因此相电流也对称，所以，三个相电流的相位差均为 120°。相量图如图 3-24b 所示，不难得出三个相电流的相量和为零。

$$\dot{I}_{\mathrm{N}} = \dot{I}_{\mathrm{U}} + \dot{I}_{\mathrm{V}} + \dot{I}_{\mathrm{W}} = 0$$

所以，三相对称负载星形联结时中性线电流为零。由于中性线上无电流流过，故可省去中性线，成为三相三线制对称电路。

当负载不对称且有中性线时，各相构成了独立的回路，各相负载可获得对称的电源相电压，从而保证负载在额定电压下工作。此时，负载相电流不再对称，中性线电流不为零。常用照明电路和家用电器的供电，都属于不对称负载的三相四线制交流电路。

负载不对称时，各相需单独计算，每相负载电流可分别求出。中性线上的电流为

$$\dot{I}_{\mathrm{N}} = \dot{I}_{\mathrm{U}} + \dot{I}_{\mathrm{V}} + \dot{I}_{\mathrm{W}} \neq 0$$

由于中性线上的电流不为零，所以这种情况下中性线（三相四线制）必须有。

 注意

在三相四线制供电电路中，若中性线断开，各相负载上的电压将不对称，有的电压过高，使负载损坏；有的电压过低，而使负载不能正常工作。因此规定中性线上不准安装熔断器和开关电器，有时中性线还采用钢芯导线来加强其机械强度，以免断开。

2. 三相负载的三角形（△）联结

三相负载的三角形联结电路如图 3-25a 所示，将每相负载分别接在电源两相线之间，所以不论负载是否对称，各相负载所承受的相电压均为电源的线电压，即 $\dot{U}_{\mathrm{UV}}$、$\dot{U}_{\mathrm{VW}}$、$\dot{U}_{\mathrm{WU}}$。

对于对称负载，由于各相阻抗相等，性质相同，因此各相电流 $\dot{I}_{\mathrm{UV}}$、$\dot{I}_{\mathrm{VW}}$、$\dot{I}_{\mathrm{WU}}$ 也是对称的。由于三个相电流是对称的，因此三个线电流 $\dot{I}_{\mathrm{U}}$、$\dot{I}_{\mathrm{V}}$、$\dot{I}_{\mathrm{W}}$ 也必然是对称的，其大小为相电流的 $\sqrt{3}$ 倍，滞后于对应相电流 30°，如图 3-25b 所示。

$$I_{\mathrm{L}} = \sqrt{3} I_{\mathrm{P}} \tag{3-30}$$

a) 三相三线制电路

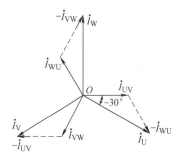

b) 三角形负载的电流相量图

图 3-25　三相负载的三角形联结

若负载不对称，由于电源电压对称，故负载的相电压对称，但相电流和线电流不对称。分析时，应先算出各相电流，然后根据 KCL 计算线电流。

 注意

三相负载采用星形联结还是三角形联结，取决于三相负载的额定电压和三相电源的线电压。当负载的额定电压等于电源的线电压时，应采用三角形联结；当负载的额定电压是电源线电压的 $1/\sqrt{3}$ 时，则应采用星形联结。

3.5.3　三相功率

无论三相电路电源或负载是星形联结还是三角形联结，电路总的有功（无功）功率必定等于各相有功（无功）功率之和。即

$$P = P_U + P_V + P_W$$
$$Q = Q_U + Q_V + Q_W$$

但是视在功率不等于各相视在功率之和，而应该是

$$S = \sqrt{P^2 + Q^2}$$

若三相负载对称，则有

$$P = 3P_U = 3U_P I_P \cos\varphi$$
$$Q = 3Q_U = 3U_P I_P \sin\varphi$$
$$S = \sqrt{P^2 + Q^2} = 3U_P I_P$$

式中，φ 是负载的阻抗角。

三相功率也可写成

$$\begin{cases} P = \sqrt{3}\, U_L I_L \cos\varphi \\ Q = \sqrt{3}\, U_L I_L \sin\varphi \\ S = \sqrt{P^2 + Q^2} = \sqrt{3}\, U_L I_L \end{cases} \tag{3-31}$$

【例 3-8】　某三相交流异步电动机绕组额定电压为 380V，每相绕组的电阻 $R = 12\Omega$，感抗 $X_L = 16\Omega$，接在线电压为 380V 的三相电源上工作。试求：（1）采用星形联结时电动机的功率；（2）采用三角形联结时电动机的功率。

【解】　该电动机每相阻抗为

$$|Z| = \sqrt{R^2 + X_L^2} = \sqrt{12^2 + 16^2}\,\Omega = 20\Omega$$

（1）星形联结时电动机的线电流为

$$I_L = I_P = \frac{U_L}{\sqrt{3}\,|Z|} = \frac{380}{\sqrt{3} \times 20}A = 11A$$

星形联结时电动机的功率为

$$P = \sqrt{3}\, U_L I_L \cos\varphi = (\sqrt{3} \times 380 \times 11 \times 12/20)\,W = 4.34kW$$

（2）三角形联结时电动机的线电流为

$$I_L = \sqrt{3}\, I_P = \sqrt{3}\,\frac{U_P}{|Z|} = \sqrt{3} \times \frac{380}{20}A = 32.9A$$

三角形联结时电动机的功率为

$$P = \sqrt{3}\, U_{\mathrm{L}} I_{\mathrm{L}} \cos\varphi = (\sqrt{3} \times 380 \times 32.9 \times 12/20)\,\mathrm{W} = 13.0\,\mathrm{kW}$$

小常识

三相交流电与单相交流电相比，有以下优点：

1）在发电方面：三相交流发电机比相同尺寸的单相交流发电机容量大。

2）在输电方面：如果以同样电压将同样的功率输送到同样距离，三相输电线比单相输电线节省材料。

3）在用电设备方面：三相交流电动机比单相交流电动机具有结构简单、体积小、运行特性好、工作可靠等优点。

课堂练一练

1．试判断下列结论是否正确。

（1）负载星形联结时，必须有中性线。

（2）负载三角形联结时，线电流必为相电流的$\sqrt{3}$倍。

（3）负载星形联结时，线电流必等于相电流。

2．为什么三相电源三角形联结时，有一相接反时，电源回路的电压是某一相电压的两倍？试用相量图分析。

3．三相不对称负载三角形联结时，若有一相断路，对其他两相工作情况有影响吗？

4．三相对称负载，无论是星形联结还是三角形联结，只要使电源电压与每相负载额定电压相等，两种情况下有功功率都相同。试分析这种说法是否正确。

技能训练三 荧光灯电路仿真与装调

1. 任务描述

荧光灯由镇流器、辉光启动器、灯管组成。通过对荧光灯电路仿真与装调，理解并联电容对整个电路功率因数的影响，合理选择合适的并联电容值，掌握交流电路中的电压、电流、功率的测量。

2. 仿真原理图设计

由于荧光灯正常工作后，可以看成灯管和镇流器的串联电路，其中灯管可以看成一个阻性负载，而镇流器可以看成一个具有铁心的电感线圈，在 Protues 仿真软件中，荧光灯管和镇流器线圈电阻用 350Ω 来等效，电感值用 1.8H 来等效，这样荧光灯的仿真电路图如图 3-26 所示。

3. 仿真数据记录

首先不接入任何电容，通交流 220V 电压，使荧光灯正常工作，然后逐渐增大并联电容 C，并测量干路电流 I、电容电流 I_{C}、电阻电流 I_{R}、有功功率 P，并计算出功率因数 $\cos\varphi$（此时测得的功率因数为荧光灯功率因数），并记录在表 3-1 中。

图 3-26 荧光灯仿真电路原理图

表 3-1 荧光灯仿真电路数据记录表

项 目	测量数据				计算数据
	P/W	I/A	I_R/A	I_C/A	$\cos\varphi$
不接电容器					
$C = 1\mu F$					
$C = 2.2\mu F$					
$C = 4.3\mu F$					
$C = 6.5\mu F$					

观察表 3-1 的数据,总结电容 C 与总电流 I,功率因数 $\cos\varphi$ 的关系,并寻找到最佳 C 的值,使得功率因素 $\cos\varphi$ 值最大。

4. 电路装配

按照图 3-27 进行实物连接,并将电流表插入电流插座,电压表和功率表接入相应断开处。

图 3-27 荧光灯电路装配图

（1）元器件准备　参考电路配套元器件清单见表3-2。

表 3-2　荧光灯电路元器件清单

序号	器件编号	名称	型号/规格	数量
1	U	单相调压器		1
2	QF	断路器		1
3	S	86 面板开关		1
4	L	镇流器	8W	1
5	HL	荧光灯管	Y210RR25/8W	1
6	/	荧光灯座		1
7	C	电容		若干

（2）元器件好坏检测　用万用表欧姆档检查镇流器、灯管是否开路，辉光启动器、镇流器是否短路，对质量不符合要求的器件剔除并更换。

（3）元器件焊接　在万用板上，合理布局元器件，并连线。

5. 电路调试与功能测试

经教师检查，确认接线无误后，合上调压器输入电源，转动调压器手轮，逐步升高其输出电压，观察辉光启动器的动作和灯管的点亮过程。如出现故障，断电进行故障检查，排除故障。

荧光灯点亮后，将调压器的输出电压调到荧光灯的额定电压 220V，使荧光灯正常工作，维持电源电压 U 为 220V。

6. 问题讨论

1）根据测量数据说明，对感性电路并联电容提高功率因数而言，是否并联的电容越大越好？

2）并联电容提高功率因数后，荧光灯灯管支路的电压、电流与功率是否改变？为什么？电路的总电流如何变化？电路的功率有否变化？

习题三

3-1　已知两正弦量 $u_1 = 60\sin\left(628t + \dfrac{\pi}{2}\right)\text{V}$，$u_2 = 80\sin\left(628t - \dfrac{\pi}{3}\right)\text{V}$，求它们各自的频率和初相位，指出两个正弦量的相位关系；当计时起点改为 $t = 5\text{ms}$ 时，计算 u_1 和 u_2 的初相位及它们的相位差。

3-2　已知电流 $i_1 = 10\sqrt{2}\sin(314t - 30°)\text{A}$，$i_2 = 5\sin(314t + 45°)\text{A}$，求总电流 $i = i_1 + i_2$。

3-3　某电烙铁的电阻 $R = 1936\Omega$，$u_R = 311\sin(314t + 60°)\text{V}$。试求：流过电烙铁的电流 i 及其功率。

3-4　将 220V 的交流电压加在额定值为 220V、25W 的白炽灯上，求白炽灯的电阻以及流过白炽灯的电流。

3-5　有一个线圈，其电感 L 为 0.04H，线圈电阻可忽略不计。当它接在直流电路，或接在 50Hz、1000Hz 的交流电源中时，线圈呈现的感抗各为多大？已知直流电路的电源电压为25.12V，交流电压的有效值也为25.12V，求通过线圈的电流（有效值）的大小。

3-6 在图3-9a中，流过电感的电流 $\dot{I} = 2\underline{/30°}$ A，频率 $f = 100\text{Hz}$，电感 $L = 50\text{mH}$，试求：电感两端的电压 $\dot{U}_L$ 及无功功率 Q_L。

3-7 将一个 $10\mu\text{F}$ 的电容器接在220V、50Hz的交流电源上，求电容器的容抗、通过电容的电流有效值及电容的无功功率；若交流电源的频率变为1kHz，问以上参数有何变化。

3-8 某线圈接在 $U = 36\text{V}$ 的直流电源上测得的电流 $I = 0.6\text{A}$，而接在 $U = 220\text{V}$ 的工频交流电源上测得的电流 $I = 2.2\text{A}$，试求：（1）该线圈的参数 R、L；（2）该线圈接交流电源时的有功功率、无功功率及视在功率。

3-9 一个220V、40W的荧光灯，功率因数 $\cos\varphi = 0.5$，电源电压 $U = 220\text{V}$，$f = 50\text{Hz}$，如果将功率因数提高到0.95，试计算：（1）需要并联的电容 C；（2）比较并联电容前后供电线路的电流。

3-10 某三相交流异步电动机绕组额定电压为380V，每相绕组的电阻 $R = 12\Omega$，感抗 $X_L = 16\Omega$，接在线电压为380V的三相电源上工作。试求：（1）采用星形联结时电动机的功率；（2）采用三角形联结时电动机的功率。

第4章

磁路与变压器

学习目标 ◀◀

◇ 熟悉磁路的基本物理量和定律；了解铁磁材料的磁性能。

◇ 掌握变压器的基本结构和工作原理。

◇ 了解变压器的额定值。

◇ 掌握特殊变压器的种类、用途与使用方法。

内容引入 ◀◀

变压器是输配电、电工测量和电子技术方面不可缺少的电气设备。变压器在工作时有电的连接还有磁的联系。图4-1所示为变压器外形。本章将介绍磁路和变压器的相关知识。

图4-1　变压器外形

4.1　磁路基本概念

4.1.1　磁场的基本物理量

1. 磁感应强度

磁感应强度是用来表示磁场内某点磁场的强弱和方向的物理量，它是一个矢量，用 B 表示。国际单位制中，磁感应强度的单位是特斯拉（T），简称特。若在磁场中的一点垂直于磁场方向放置一段长为 l、通有电流 I 的导体，其受到的电磁力为 F，则该点磁感应强度的大小为

$$B = \frac{F}{lI}$$

2. 磁通

磁场中，磁感应强度与垂直于磁场方向的有向面面积的乘积，称为通过该有向面的磁通，用字母 Φ 表示。磁通的单位是韦伯（Wb），简称韦。

对于匀强磁场，若面积为 A 的有向面垂直于磁场方向，则

$$\Phi = BA \tag{4-1}$$

式(4-1) 还可以写成 $B = \Phi/A$，B 表示穿过单位面积的磁通，即磁通密度。由此可见，某一点的磁感应强度就是该点的磁通密度。

磁通具有连续的特性，穿进某一闭合面的磁力线总数一定等于穿出它的磁力线的总数。也就是说穿入的磁通等于穿出的磁通，磁力线是无头无尾的闭合回线。

3．磁导率

磁导率是一个用来表示物质导磁性能的物理量，通常用 μ 表示，对于不同的物质有不同的 μ。磁导率的单位为亨利/米 （H/m），真空的磁导率用 μ_0 表示，为

$$\mu_0 = 4\pi \times 10^{-7}\text{H/m}$$

任意一种磁介质的磁导率 （μ） 与真空磁导率 （μ_0） 的比值称为相对磁导率，用 μ_r 表示，即

$$\mu_r = \frac{\mu}{\mu_0} \tag{4-2}$$

4．磁场强度

磁场强度是计算磁场的一个物理量，用字母 H 表示。磁场强度仅表示电流在某点产生磁场的强弱，与磁介质的导磁性能无关。

某点的磁场强度的大小等于该点磁感应强度的数值除以该点的磁导率，而方向与该点的磁感应强度相同。即

$$H = \frac{B}{\mu} \tag{4-3}$$

磁场强度的单位是安/米 （A/m）。

4.1.2　磁路的基本定律

1．磁路

磁路是由导磁材料和气隙构成的闭合回路。工程上为了得到较强的磁场并有效地加以运用，常采用导磁性能良好的铁磁材料做成一定形状的铁心，使磁场集中分布于主要由铁心构成的闭合路径内，这样的路径才是电工技术中所要讨论的磁路。几种常见电气设备的磁路如图 4-2 所示。图中的磁通可以由励磁线圈中的励磁电流产生，也可以由永久磁铁产生。磁路中可以没有气隙，如图 4-2a 所示，也可以有气隙，如图 4-2b、c、d 所示。

a) 变压器　　　　b) 电磁铁　　　　c) 磁电系电表　　　　d) 直流电机

图 4-2　几种常见电气设备的磁路

2. 磁路欧姆定律

图 4-3 所示为某铁磁材料构成的无分支磁路。磁路中的磁通由线圈通入电流后产生。设铁心截面积 A 处处相同，平均磁路长度为 l（即铁心几何中心线长度），且 l 远比横截面的直径大得多，则可认为磁通在横截面上是均匀分布的。因此，铁心内任一点的磁感应强度 $B = \Phi/A$，各点磁场强度的大小相等，则有

图 4-3　无分支磁路

$$Hl = \frac{B}{\mu}l = \frac{\Phi}{A\mu}l$$

由此可得

$$\Phi = \frac{Hl}{\dfrac{l}{\mu A}} = \frac{F}{R_{\mathrm{m}}} \tag{4-4}$$

式中，$F = Hl$ 为某段磁路长度与其磁场强度的乘积，称为磁通势，磁通就是由它产生的，其单位为安（A）；$R_{\mathrm{m}} = l/(\mu A)$，为该段磁路的磁阻。显然，磁阻与磁路尺寸及磁路材料有关。

式(4-4) 与电路的欧姆定律相似，其中磁通 Φ 与电路中的电流相对应，磁通势与电动势对应，磁阻公式又与电阻公式 $R = l/(\gamma A)$ 对应，磁导率 μ 与电导率 γ 相对应。因此，式(4-4)又称为磁路欧姆定律。

【例 4-1】　一个磁路带气隙的铁心线圈接到直流电源上，在改变气隙的大小时，线圈中的电流及磁路磁通将怎样变化？

【解】　线圈中的电流只取决于外加电压和线圈电阻，不随气隙大小而变。而磁路中的磁阻却随气隙大小的变化而变化。当气隙增大时，磁阻增大，由磁路欧姆定律可知，磁通将随磁阻的增大而减小；反之，气隙减小，磁通则增大。

4.1.3　铁磁材料的磁性能

根据导磁性能的好坏，自然界中的物质可分为两大类：一类是导磁性能良好的铁磁材料，如铁、钴、镍以及它们的合金；另一类是导磁性能差的非铁磁材料，如金、银、铜、铋、铝、空气及石墨等。

1. 物质的磁性

真空的磁导率 $\mu_0 = 4\pi \times 10^{-7}\mathrm{H/m}$，是一个常数；铁磁材料的磁导率 μ 远大于 μ_0，且随磁场强度的变化而变化，它们的数值可以达到几百、几千、甚至几万；非铁磁材料的 μ 接近于 μ_0，在工程上，除了铁磁材料外，其余物质的磁导率都认为是 μ_0。

由于铁磁材料具有高导磁性能，且磁阻小，易使磁通在其中通过，所以往往利用这类材料来做磁路，以提高效率，减小电磁设备的体积、重量。

铁磁材料为什么会有很高的导磁性能呢？近代科学证明，铁磁材料的磁性主要来源于电子自旋磁矩。没有外磁场时，铁磁材料中电子自旋磁矩可以在小范围内形成一个个小的"自发磁化区"——磁畴。从微观上看，在每个磁畴内，电子自旋磁矩是平行排列的、具有一定的磁化方向。

通常在没有外磁场时，铁磁材料内各磁畴排列杂乱无章，从宏观上看对外不显磁性。加上外磁场以后，铁磁材料将显示出磁性，这一过程通常称为技术磁化。当外加磁场不断加强

时，铁磁材料内部的磁畴逐渐转向外磁场的方向，产生一个附加磁场，使铁磁材料内的磁感应强度大大增加，如图4-4所示。

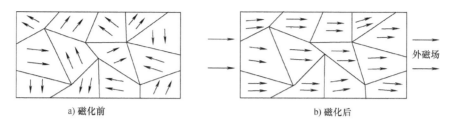

a) 磁化前   b) 磁化后

图 4-4 铁磁材料的磁化

2. 磁化曲线及磁饱和

铁磁材料的磁性能一般用磁化曲线（$B—H$ 曲线）表示，如图4-5所示。

由图4-5可知，对铁磁材料来说，当外磁场变化时，B 随 H 发生变化；开始时 B 随 H 增长较慢（Oa 段），过 a 点后 B 迅速上升（ab 段），在 bc 段 B 上升减慢，c 点过后，B 几乎不再增加。B 不再随 H 增长的现象称为磁饱和。

由此可见，铁磁材料具有磁饱和的特性。

3. 磁滞回线

铁磁材料还具有磁滞特性。如图4-6所示，当 H 从零开始增加时，B 从零随 H 增加，如图4-6中的 Oa 段，当 H 增加到 H_m 点，即 B 饱和后，将 H 减小，这时 B 并没有沿原曲线下降，而是沿 ab 段下降；当 H 减小到零时，B 等于 B_r，并不为零，说明此时铁磁材料仍保留了一部分磁性，这一现象称为铁磁材料的剩磁特性。

只有加上一定大小的反向磁场 H_c 时，才能使 B 降为零，这时铁磁材料的磁性才消失，称 H_c 为矫顽磁力。当 H 反向增长到 $-H_m$ 后，将它减小到零，再正向增加到 H_m，这时 B 将沿 $defa$ 回到 a 点，形成一闭合回路 $abcdefa$，该回路称为磁滞回线。

由磁滞回线得知，铁磁材料在磁化过程中，其磁感应强度 B 的变化总是滞后磁场强度 H 的变化，这一现象称为磁滞现象。

图 4-5 磁化曲线

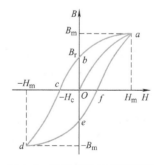

图 4-6 铁磁材料的磁滞特性

4. 铁磁性材料的分类

铁磁材料根据磁滞回线及其在工程上的用途一般可分为软磁材料（见图4-7a）、硬磁材料（见图4-7b）和矩磁材料（见图4-7c）三种类型。软磁材料的剩磁和矫顽磁力较小，磁滞回线形状较窄，但磁化曲线较陡，即磁导率较高，适用于做电机、变压器和各种电器的铁心，如纯铁、硅钢片、坡莫合金等；硬磁材料的剩磁和矫顽磁力较大，磁滞回线形状较宽，适用于制作永久磁铁，如碳钢、钴钢及铁镍铝钴合金等；矩磁材料的磁滞回线为矩形，剩磁很大，接近饱和磁感应强度，但矫顽磁力小，易于迅速翻转，常在逆变开关电源中做逆变变压器铁心。此外，压磁材料在磁场方向上其长度可随磁场变化而伸缩，常用于超声波发生器中。

a) 软磁材料　　　　　b) 硬磁材料　　　　　c) 矩磁材料

图 4-7　不同类型铁磁材料的磁滞回线

指南针历史

指南针（见图 4-8）是我国古代四大发明之一，是中华民族对世界文明做出的伟大贡献。指南针是一种指示方位的简单仪器，它的主要结构由一根能灵活转动的磁针和一个标有方位的刻度盘构成。磁针在地球磁场的作用下，能保持在磁子午线平面内，利用这一性能，可以辨别方向。

图 4-8　指南针

我国古代劳动人民最早发现磁石及其吸铁性，进而发现了磁石的指极性，于是把天然磁铁琢成勺形，叫作"司南"。这大约出现于两千多年前的战国时期，最早记载见于《韩非子·有度》。在应用"司南"的基础上，人们发现用磁石沿一个方向多次摩擦过的钢针等物也有指南特性，于是发明了指南针。宋初还出现过"指南鱼"，是浮在水面上的一种指南器具。

公元 1086 年，北宋著名科学家沈括所著的《梦溪笔谈》记载，当时有四种不同装置的针形指南针，即水浮法、缕悬法、指甲法和碗唇法。此时已能制造人工磁体。《梦溪补笔谈·药议》载有"以磁石磨针锋，则锐处常指南"。11 世纪末，我国便开始在航海上使用指南针。

宋人朱彧曾记述了公元 1099～1102 年间，在海船上使用指南针的经过。公元 1123 年，徐兢到朝鲜去，回国后描述这次航海过程为：白天靠太阳定方位，晚上在海洋中不可停留，注意看星斗而前进，如果天黑可用指南浮针，来决定南北方向。公元 1274 年，南宋吴自牧所著《梦粱录》中载有"风雨冥晦时，唯凭针盘而行"。

南宋时，人们把磁针与分辨方位的仪器组装成一个整体，这种新仪器叫针盘，或叫地螺（罗），也有叫子午盘、定盘针、经盘、罗盘的。张燮的《东西洋考·舟师考》记载，明代海上航行，"独恃指南针为导引，或单用，或指两间，凭其所向，荡盘以行"。

早在公元前3世纪，我国就有了关于磁针的文献记录。我国的指南针大约在12世纪传到阿拉伯国家和欧洲，大大促进了世界航海事业及整个人类社会的发展。

课堂练一练

1. 用来定量描述磁场中各点的强弱和方向的物理量称为（   ）。

A. 磁场强度　　　　B. 磁感应强度　　　　C. 磁通　　　　D. 磁导率

2. 用来描述磁场在空间分布情况的物理量是（   ）。

A. 磁场强度　　　　B. 磁感应强度　　　　C. 磁通　　　　D. 磁导率

3. 用来表征介质磁化性质的物理量是（   ）。

A. 磁场强度　　　　B. 磁感应强度　　　　C. 磁通　　　　D. 磁导率

4.2　交流铁心线圈电路

4.2.1　电压与磁通的关系

图4-9是交流铁心线圈电路，线圈的匝数为 N，当在线圈两端加上正弦交流电压 u 时，就有交变励磁电流 i 流过，在交变磁通势 $F = Ni$ 的作用下产生交变的磁通，其绝大部分通过铁心，称为主磁通 Φ。若忽略由空气形成闭合路径的漏磁通 Φ_S 和线圈电阻，设线圈外加正弦电压 u，由电磁感应定律有

$$u = N\frac{\mathrm{d}\Phi}{\mathrm{d}t}$$

图4-9　交流铁心线圈电路

可知 Φ 也是按正弦规律变化的，设 $\Phi = \Phi_m \sin \omega t$，则有

$$U = 4.44 fN\Phi_m \tag{4-5}$$

由此可知，铁心线圈加上正弦电压后，在线圈匝数 N、外加电压 U 及频率 f 固定时，铁心中的磁通最大值将保持基本不变。这个结论对于分析交流电机、变压器的工作原理是十分重要的。

小提示

左手定则和右手定则

1. 左手定则

左手定则用于判断通电导体在磁场中受到力的方向。如图4-10a所示，将左手放入磁场中，让磁力线垂直穿入手心，四指指向电流所指方向，则大拇指的指向就是导体受力的方向。

2. 右手定则

右手定则用于判断运动的导线切割磁力线时，感应电动势的方向。如图4-10b所示，伸开右手，让磁力线垂直穿入手心，大拇指所指的方向为导线运动方向，四指指向即是感应电

a) 左手定则　　　　b) 右手定则

图4-10　左手定则与右手定则

动势的方向。

左手定则和右手定则的比较见表 4-1。

表 4-1　左手定则和右手定则的比较

比较项目	左手定则	右手定则
作用	判断通电导体所受磁场力的方向	判断感应电动势的方向
已知条件	电流方向和磁场方向	切割运动方向和磁场方向
前提条件	有磁场	
因果关系	通电→运动	运动→发电
应用实例	电动机	发电机

4.2.2　铁心中的功率损耗

铁心线圈的功率损耗包括：线圈电阻的功率损耗 I^2R（又称铜损耗），以及铁心中的损耗（又称铁损耗）。铁损耗包括磁滞损耗和涡流损耗两部分。

1. 磁滞损耗

当铁心线圈加上交变电压时，铁磁材料沿磁滞曲线交变磁化，且磁化时磁场吸收的能量大于去磁时返回电源的能量，其差额就是磁滞现象引起的能量损耗，称为磁滞损耗。

磁滞损耗与铁磁材料的磁滞回线所包围的面积成正比，磁滞损耗主要表现为铁心发热。为了减小磁滞损耗，交流铁心应选用磁滞损耗较小的软磁材料制成。

2. 涡流损耗

交变的电流通过铁心线圈时，产生交变的磁场，而交变的磁场在铁心中产生闭合的旋涡状感应电流，该电流称为涡流，如图 4-11a 所示。由涡流引起的功率损耗称为涡流损耗。

涡流对电机、变压器等设备的工作会产生不良影响，它不仅消耗了电能，使电气设备的效率降低，而且使电气设备中的铁心发热、温度升高，影响电气设备的正常运行。为了减小涡流损耗，常选用表面绝缘的硅钢片拼叠成铁心，如图 4-11b 所示。由于硅钢片具有较大的电阻率和较高的磁导率，可以使铁心电阻增大，涡流减小，从而大大减小涡流损耗。

a) 涡流现象

b) 涡流的减小

图 4-11　涡流损耗

课堂练一练

1. 通电导体在磁场中受到力的方向由（　　　）判定。

A. 右手螺旋定则　　　B. 右手定则　　　C. 左手定则　　　D. 楞次定律

2. 导体切割磁力线所产生的感应电动势的方向，可用（　　　）判定。

A. 右手螺旋定则　　　B. 右手定则　　　C. 左手定则　　　D. 楞次定律

4.3 变压器

变压器是一种常用的电气设备,它可以将某一数值的交变电压变换为同频率的另一数值的交变电压,在电力系统和电子电路中得到了广泛应用。

4.3.1 变压器的分类与结构

1. 变压器的分类

1)按相数分,变压器分为单相变压器、三相变压器和多相变压器。

2)按冷却方式分,变压器分为干式变压器和油浸式变压器。

3)按用途分,变压器分为电力变压器、仪用变压器、试验变压器和隔离变压器等。

4)按绕组形式分,变压器分为双绕组变压器、三绕组变压器和自耦变压器。

5)按铁心形式分,变压器分为心式变压器、非晶合金变压器和壳式变压器等。

2. 变压器的结构

(1)铁心 铁心是变压器中的磁路部分,分为铁心柱和铁轭两部分,铁心柱上绕有绕组,连接各铁心柱形成闭合磁路的部分叫铁轭。变压器按铁心结构分为两种:心式和壳式。变压器的结构与电路符号如图4-12所示。

a) 心式变压器　　　　　b) 壳式变压器　　　　　c) 电路符号

图 4-12　变压器的结构与电路符号

1,4—铁轭　2—低压绕组　3—高压绕组　5—铁心柱

心式变压器的绕组环绕铁心柱,它的结构简单,绝缘也较容易,多用于容量大的变压器中。壳式变压器则是铁心包围着绕组,多用于小容量变压器中。变压器的铁心大多用0.35 ~ 0.5mm 厚的硅钢片交错叠装而成。

(2)绕组 绕组是变压器的电路部分。变压器和电源相连的绕组称为一次绕组(又称一次侧),其匝数为 N_1;和负载相连的绕组称为二次绕组(又称二次侧),其匝数为 N_2。绕组与绕组及绕组与铁心之间都是互相绝缘的。一次绕组和二次绕组之间虽然是绝缘的,但二者共用同一磁路。

4.3.2　变压器的工作原理

现以具有两个绕组的单相变压器为例来讨论变压器的工作原理。

1. 变压器的电压变换（变压器空载运行）

变压器的一次绕组接在额定电压的交流电源上，二次侧开路（不接负载），这种运行方式称为空载运行。变压器空载运行原理图如图 4-13 所示。

下标 1 表示一次绕组上的物理量，下标 2 表示二次绕组上的物理量，下标 0 表示空载。图中所标 u_1 为一次电压即电源电压，u_{20} 为空载时二次电压；N_1 和 N_2 分别为一次绕组和二次绕组的匝数。

一次绕组加上正弦电压 u_1 后，一次绕组中便有交变电流 i_0 通过，i_0 称为空载电流。空载电流通过一次绕组在铁心中产生正弦交变的磁通，它们大部分沿铁心闭合，且同时与一次侧、二次侧交链，称为主磁通 Φ，但另外还有很少的一部分磁通沿一次绕组周围的空间闭合，不与二次侧相交链，称为漏磁通 Φ_{S1}。忽略漏磁通和一次绕组电阻 R_1 上的压降，在理想状态下，由式（4-5）可知一、二次电压有效值为

图 4-13　变压器空载运行原理图

$$\begin{cases} U_1 = 4.44fN_1\Phi_{\mathrm{m}} \\ U_2 = 4.44fN_2\Phi_{\mathrm{m}} \end{cases} \tag{4-6}$$

由式（4-6）可知，由于一、二次绕组的匝数不同，使得 U_1 和 U_2 不相等，两者之比为

$$\frac{U_1}{U_2} = \frac{N_1}{N_2} = K_u \tag{4-7}$$

式中，K_u 为变压器的电压比，亦称一、二次侧的匝数之比。

由式（4-7）可知，当 $N_1 > N_2$ 时，$K_u > 1$，这种变压器为降压变压器；当 $N_1 < N_2$ 时，$K_u < 1$，则为升压变压器，即只要改变变压器中一、二次绕组的匝数比，就能实现变换电压的目的。对于已制成的变压器，其电压比 K_u 为定值，此时二次电压随一次绕组电压的变化而变化。

注意

一次电压必须为额定值，如果超过额定电压，则铁心中的 B—H 曲线进入饱和点后，Φ_{m} 随电压的增大，将导致磁通势的剧烈增大，而引起一次电流过高，损坏变压器。

2. 变压器的电流变换（变压器有载运行）

变压器一次绕组加上额定正弦交流电压 u_1，二次侧接上负载 Z_2 的运行，称为有载运行。变压器有载运行原理图如图 4-14 所示。

图 4-14　变压器有载运行原理图

变压器有载运行时，二次电压 u_2 将在绕组中产生电流 i_2，使一次绕组中的电流由 i_0 增大到 i_1。这时 U_2 稍有下降，这是因为有了负载，i_1、i_2 增大后，一、二次绕组内部的电压降也要比空载时增大，二次电压 U_2 会比 U_{20} 低一些。但一般变压器内部的电压降小于额定电压的 10%。

忽略变压器一、二次绕组的电阻，铁心损耗和漏磁通，则变压器输入、输出视在功率相等，即 $U_1 I_1 = U_2 I_2$。由此可得一、二次电流有效值的关系为

$$\frac{I_1}{I_2} = \frac{U_2}{U_1} = \frac{N_2}{N_1} = \frac{1}{K_u} = K_i \tag{4-8}$$

式中，K_i 称为变压器的电流比。可见，在变压器额定运行时，一、二次电流之比等于电压比的倒数。由于高压绕组匝数多，它所通过的电流小，绕组线径可细些；低压侧的绕组匝数少，通过的电流大，线径必须粗些。

【例4-2】 一台降压变压器，一次电压 $U_1 = 10\text{kV}$，二次电压 $U_2 = 220\text{V}$；如果二次侧接一台 $P = 25\text{kW}$ 的电阻炉，求变压器一、二次电流。

【解】 二次电流为电阻炉的工作电流，即

$$I_2 = \frac{P}{U_2} = \frac{25 \times 10^3}{220}\text{A} = 114\text{A}$$

由电压比和电流比关系可得

$$K_i = \frac{1}{K_u} = \frac{U_2}{U_1} = \frac{220}{10000} = 0.022$$

由此可得一次电流 I_1 为

$$I_1 = K_i I_2 = 0.022 \times 114\text{A} = 2.51\text{A}$$

显然，10kV 供电回路电流较小，线路压降大大减小，因而可减小输电线线径，降低输电成本。

3. 变压器的阻抗变换

变压器除了能起变换电压和电流的作用外，它还能变换负载阻抗。

在电子电路中，常常利用变压器变换阻抗的作用来实现阻抗匹配。图4-15所示为阻抗变换示意图。

分别从变压器的一次侧、二次侧来看，阻抗 $|Z_1|$、$|Z_2|$ 为

图 4-15 阻抗变换示意图

$$|Z_1| = \frac{U_1}{I_1} \qquad |Z_2| = \frac{U_2}{I_2}$$

综合式(4-7)、式(4-8) 可得

$$\frac{|Z_1|}{|Z_2|} = \frac{U_1}{I_1} \cdot \frac{I_2}{U_2} = \left(\frac{N_1}{N_2}\right)^2 = K_u^2 \quad \text{或} \quad |Z_1| = K_u^2 |Z_2| \tag{4-9}$$

式(4-9) 表明，负载阻抗 $|Z_2|$ 折算到一次侧应乘以 K_u^2，这就起到了阻抗变换的作用。通过选择合适的电压比 K_u，可将实际负载阻抗变换为所需的值，从而获得阻抗匹配。

4.3.3 变压器的损耗和效率

实际运行时，变压器是不能将从电网吸收的功率全部传递给负载的，因为在运行时变压器本身存在损耗，损耗分为铁损耗和铜损耗：铁损耗是交变的主磁通在铁心中产生的磁滞损耗和涡流损耗之和，近似地与 B_m^2 或 U_1^2 成正比，空载和负载时铁心中的主磁通不变，故铁损耗基本不变。铜损耗是一、二次电流通过该绕组电阻所产生的损耗，由于绕组中的电流随负载变化，所以铜损耗是随负载变化的。

变压器的输入功率与输出功率之差就是其本身的总损耗，即

$$P_1 - P_2 = P_{损耗}$$

输出功率与输入功率之比称为变压器的效率，通常用百分比表示，即

$$\eta = \frac{P_2}{P_1} \times 100\% = \frac{P_2}{P_2 + P_{损耗}} \times 100\%$$

变压器空载时，P_2 为 0，P_1 并不为 0，所以 η 为 0。一般小型变压器满载时的效率为 80% ~ 90%，大型变压器满载时的效率可达 98% ~ 99%。

4.3.4 变压器的铭牌

为了使变压器能正常运行，制造厂会在变压器外壳上的铭牌上标出额定值和型号，它是选择和使用变压器的依据。铭牌一般由两部分组成：前一部分用汉语拼音字母表示，后一部分用数字组成。前者表示特性和性能，后者表示额定值。如 S－200/10，S 表示三相，200 表示额定容量为 200kV·A，10 表示高压绕组的额定电压为 10kV。

和其他电器一样，每台变压器在产品铭牌上都有额定数据，这些数据是正确使用变压器的依据。

（1）一次侧的额定电压 U_{1N}　U_{1N} 是指加到一次侧上的电压额定值。

（2）二次侧的额定电压 U_{2N}　U_{2N} 是指一次电压为额定值时，二次侧两端的空载电压值。

（3）一次侧的额定电流 I_{1N}　I_{1N} 是指变压器在额定条件下一次侧中允许长期通过的最大电流。

（4）二次侧的额定电流 I_{2N}　I_{2N} 是指变压器在额定情况下二次侧中长期允许通过的最大电流。

（5）额定容量 S_N　S_N 是指二次侧的额定电压与额定电流的乘积，即二次侧的额定视在功率。

（6）额定频率 f_N　我国额定工业频率为 50Hz。

（7）温升　温升是指变压器在额定工作条件下，允许超出周围环境温度的值，它取决于变压器所用的绝缘材料的等级。

知识链接

超导变压器

超导变压器是超导电力系统中的一个重要组成设备，如图 4-16 所示，它是超导技术应用的一个重要方面。由中国科学院电工研究所和新疆特变电工股份有限公司联合研究开发的我

国首台高温超导变压器于 2006 年 1 月投入配电网试验运行并获得成功，这是世界上第 2 台挂网运行的高温超导电力变压器，也是全球首台非晶合金铁心高温超导电力变压器。高温超导电力变压器的研制成功，标志着我国在高温超导变压器的研制、开发方面已经进入世界前列。

图 4-16　超导变压器

4.3.5　特殊变压器

下面介绍几种具有特殊用途的变压器。

1. 自耦变压器

图 4-17 所示是一种自耦变压器，其结构特点是二次绕组是一次绕组的一部分。

自耦变压器是将一、二次侧合成为一个绕组，此时低压绕组是高压绕组中的一部分，两个绕组之间不仅有磁的耦合，而且在电路上是直接连通的。

低容量的自耦变压器，二次侧的抽头常做成沿绕组自由滑动的触点，如图 4-18 所示。这种自耦变压器的二次电压可以平滑调节，称为调压器，常用于调节实验中所需电压。要注意：使用完毕需将手轮逆时针旋到底，使输出电压为零。

图 4-17　自耦变压器　　　　　图 4-18　自耦调压器
1—手轮　2—滑动触点　3—绕组

自耦变压器具有结构简单、节省用铜量、效率比一般变压器高等优点，但这些优点只有在变压器电压比不大的情况下才有意义。它的缺点是一次电路与二次电路有电的联系，不能用于电压比较大的场合（一般不大于2）。这是因为当二次绕组断开时，高电压就会进入低压网络，容易发生事故。

 注意

使用自耦变压器时，要注意两点：

1）一次侧、二次侧不能接错，否则会烧毁变压器；

2）电源接通前，要将手柄转到零位，逐渐转动手柄，调出所需要的输出电压。

2. 电流互感器

电流互感器的外形及原理图如图4-19所示，由于二次绕组阻抗很小，其运行情况相当于一台二次侧短路的升压变压器。

测量时，电流互感器的一次侧导线粗，匝数少，与被测电路串联；二次侧导线细，匝数多，与测量仪表的电流线圈串联构成闭合回路。

根据电流变换原理，若二次侧电流表读数为 I_2，则被测电流为 $I_1 = K_i I_2$。通常

a) 外形 b) 原理图

图4-19 电流互感器

电流互感器的二次额定电流规定为5A或1A。当与测量仪表配套使用时，电流表按一次额定值刻度，从而可直接读出被测大电流的数值。

 注意

电流互感器使用时必须注意：其外壳与二次侧必须可靠接地，二次绕组绝对不允许开路，否则铁心中主磁通会剧增，铁损耗增大，使铁心严重过热，以致烧毁绕组绝缘，还会使二次侧感应出非常高的电动势，将绝缘击穿，危及工作人员的安全。

 案例应用

钳形电流表

通常用普通电流表测量电流时，需要将电路切断后才能将电流表接入进行测量，这是很麻烦的，有时正常运行的电动机也不允许这样做。此时，使用钳形电流表（见图4-20）就显得方便多了，可以在不切断电路的情况下来测量电流。

钳形电流表是电流互感器的一种，它由变压器和交流电流表组成。使用时压动手柄，使铁心张开，将被测电流的导

a) 外形 b) 结构

图4-20 钳形电流表

线放入 U 形钳内，然后闭合铁心，此时载流导线成为变压器的一次侧，经过变换后，可直接从表上读出被测电流值。钳形电流表使用非常方便，量程为5～100A。

a) 外形   b) 原理图

图4-21　电压互感器

3. 电压互感器

电压互感器的结构与变压器相似，它的一次侧匝数较多，与被测高压电路并联；二次侧匝数较少，接在电压表上或功率表的电压线圈上，它的外形及原理图如图4-21所示。它相当于一台小容量的降压变压器，可将高电压变为低电压，以便测量。

 注意

电压互感器的一次侧和二次侧应加装熔断器。

使用电压互感器时，必须注意以下几点：二次侧不能短路，否则会产生很大的短路电流，烧坏互感器；铁心和二次侧的一端必须可靠接地，防止高、低压绕组间的绝缘损坏时，二次侧和测量仪表两端出现高电压，危及工作人员的安全；二次侧并联的电压线圈不能太多，以免超过电压互感器的额定容量，引起互感器绕组发热，并降低互感器的准确度。

4. 隔离变压器

在实际工作中，将一、二次绕组制成电压比为1（考虑到绕组的电压降，实际制造时，二次侧的匝数应略多于一次侧）的变压器，用以隔离电路，这种变压器称之为隔离变压器。

5. 脉冲变压器

晶闸管装置中用来变换脉冲电压的幅值，并将各个脉冲电路进行隔离的变压器称为脉冲变压器，其结构与一般变压器相似，只是铁心要选用高磁导率的材料。

6. 多绕组变压器

某些用电设备往往需要多种电压，为此就在变压器的铁心上绕制多个二次绕组，每个二次绕组提供一种电压，这种变压器称为多绕组变压器。如机床控制电路中常用的控制变压器，就有两个以上的二次绕组；可提供36V的照明电压、6.3V的信号指示电压以及继电器线圈的工作电压。图4-22所示为有两个二次绕组的变压器，由于与各绕组交链的磁通相同，因此各绕组间的电压电流关系仍适用于式(4-7) 和式(4-8)。一次侧从电源吸收的功率 $P_1 = (P_2 + P_3)/\eta$。

图4-22　多绕组变压器

课堂练一练

1. 将一台电压为220V/36V的变压器一次侧接到220V的直流电源上，会有什么后果？

2. 有一台电压为220V/36V的降压变压器，二次侧接一盏36V、40W的灯泡，试求：
1) 若变压器的一次侧匝数 $N_1 = 1100$，二次侧应是多少匝？2) 灯泡点亮后，一、二次电流各为多少？

习 题 四

4-1　有一额定容量 $S_N = 2kV \cdot A$ 的单相变压器，一次额定电压 $U_{1N} = 380V$，匝数 $N_1 = 1140$，二次侧匝数 $N_2 = 108$，试求：

1）该变压器二次侧额定电压 U_{2N} 及一、二次侧的额定电流 I_{1N}、I_{2N} 各是多少？

2）若在二次侧接入一个电阻性负载，消耗功率为 800W，一、二次电流 I_1、I_2 各是多少？

4-2　有一变压器，其一次电压为 2200V，二次电压为 220V，在接上一纯电阻性负载后，测得二次电流为 15A，若变压器的效率为 90%，求：1）一次电流；2）变压器一次侧从电源吸收的功率；3）变压器的损耗功率。

4-3　某单相变压器的一次侧接上 3300V 的交流电压时，其二次电压为 220V，若一次额定电流为 10A，问二次侧可接 220V/40W 的荧光灯多少盏？

4-4　一台电源变压器，一次电压 $U_1 = 380V$，二次电压 $U_2 = 38V$，接有电阻性负载，一次电流 $I_1 = 0.5A$，二次电流 $I_2 = 4A$，试求变压器的效率 η 及损耗功率 $P_{损耗}$。

4-5　与普通变压器相比，自耦变压器有何异同？

4-6　有一台一次绕组匝数为 550 的单相自耦变压器，其一次侧接在 220V 的交流电源上。若二次侧要得到 132V 的电压，问二次绕组应该为多少匝？

第5章

三相异步电动机及其控制电路

学习目标 ◀◀

◇ 掌握三相异步电动机的基本结构、工作原理。

◇ 了解三相异步电动机的机械特性。

◇ 掌握三相异步电动机的起动、调速、制动和反转的方法。

◇ 掌握常用低压电器的基本结构、工作原理、控制作用以及电路符号。

◇ 掌握三相异步电动机的起动控制、正反转控制电路；具备低压电器控制电路的检查及调试能力。

◇ 能够读懂简单的继电器-接触器控制电路，分析其工作原理。

内容引入 ◀◀

在人们的生活中能看到很多设备的工作，这些往往都需要电动机驱动。系统是怎么控制电动机进行工作的呢？下面我们就来学习三相异步电动机、低压电器、控制电路等知识。

5.1　三相异步电动机的结构及工作原理

电动机的作用是将电能转换为机械能。电动机可分为交流电动机和直流电动机两大类。交流电动机又分为异步电动机（或称感应电动机）和同步电动机。由于三相交流异步电动机结构简单、价格低廉、坚固耐用、使用和维修方便，在工农业生产中得到了广泛的应用。三相异步电动机的外形如图5-1所示。

图5-1　三相异步电动机的外形

5.1.1　三相异步电动机的基本结构

三相异步电动机由定子、转子、气隙组成，各部分结构如图5-2所示。

1. 定子

三相异步电动机的定子由机座、定子铁心、定子绕组和端盖组成。机座一般由铸铁制成。定子铁心是由冲有槽的硅钢片叠成，片与片之间相互绝缘。

三相绕组是定子的电路部分，中小型电动机一般采用绝缘铜线或铝线绕制成的三相对称绕组，按一定的连接规则嵌放在定子槽中。三相绕组的六个接线端引出至接线盒，按国家标准，始端标以 U_1、V_1、W_1，末端标以 U_2、V_2、W_2。三相定子绕组可以连接成如图5-3所示的星形或三角形。一般电源电压为380V（指线电压），如果电动机各相绕组的额定电压是220V，则定子绕组应为星形联结，如图5-3a所示；如果电动机各相绕组的额定电压为

图 5-2　三相异步电动机的各个部件

380V，则定子绕组应为三角形联结，如图 5-3b 所示。

2．转子

三相异步电动机的转子由转子铁心和转子绕组组成。转子铁心也是由相互绝缘的硅钢片叠成的。转子冲片如图5-4a 所示。铁心外圆冲有槽，槽内安装转子绕组。根据转子绕组构造的不同可分为笼型转子和绕线转子。

笼型转子的绕组由安放在转子铁心槽内的裸导体和两端的短路环连接而成，如图 5-4b 所示。制造时，在转子铁心每个槽中穿入裸铜条，两端用短路环短接，称为铜条转子；或者用

a) 星形联结　　　b) 三角形联结

图 5-3　三相定子绕组的联结方式

铸铝工艺，将裸导体连同短路环和风扇叶片一次浇铸成形，称为铸铝转子。

a) 转子冲片　　　　　　　　b) 笼型转子

图 5-4　转子结构

绕线转子异步电动机的转子绕组和定子绕组一样，也是由导线制成三相对称绕组放置在转子铁心槽内的。转子绕组固定连接成星形，把三个接线端分别接到转轴上三个彼此绝缘的集电环上，集电环与轴也是绝缘的，通过与集电环滑动接触的电刷，将转子绕组的三个始端引出，其结构如图 5-5 所示。三个接线端可以把外加的三相变阻器或电阻串联入转子绕组

中，从而改善电动机的起动和调速性能，当不接外加三相变阻器时，必须把三个接线端短接，使转子绕组形成闭合通路，否则电动机将不会转动。两种类型转子的电动机只是在转子结构上有所不同，其工作原理完全一样。笼型异步电动机用得最多、最普遍；绕线转子异步电动机有较好的起动和调速性能。

a) 绕线转子   b) 绕线转子回路接线示意图

图 5-5　绕线转子

1—转轴　2—转子铁心　3—集电环　4—转子绕线出线头　5—刷架　6—电刷引线　7—转子绕组

3. 气隙

电动机定子与转子间的空气间隔称为电动机的气隙。一般中小型异步电动机的气隙为0.2～2.5mm。气隙大小对电动机的性能影响很大，气隙越小越好，但气隙越小，对电动机的生产工艺和材料要求越高。

钟兆琳

钟兆琳（1901—1990），号琅书，中国电工专家、电机工程专家、电机工程教育家，中国科学院学部委员。20世纪30年代，钟兆琳指导并参与研制出我国第一台交流发电机和电动机，促成了我国第一家民族电机制造厂。成功地设计了分列心式电流互感器、频率表、同步指示器等仪器仪表。此后，他长期担任教学工作，其启发式教学方法深受学生们欢迎。钟兆琳从事教育60余载，学子遍布海内外，为我国教育事业做出了重要贡献。

图 5-6　钟兆琳

5.1.2　三相异步电动机的旋转磁场

在定子绕组中通入三相对称的交流电流，就会在电动机内部形成一个恒速旋转的磁场，称为旋转磁场，它与转子绕组内的感应电流相互作用形成电磁转矩，推动转子旋转。

（1）两极旋转磁场　图5-7a所示为最简单的三相异步电动机的定子绕组，每相绕组只有一个线圈，三个相同的绕组 $U_1 - U_2$、$V_1 - V_2$、$W_1 - W_2$ 在空间的位置彼此互差120°，分别放在定子铁心槽中。

如图 5-7b 所示,将三相绕组连接成星形,并接通三相对称电源后,则在定子绕组中便流过三相对称电流,即

$$i_\mathrm{U} = I_\mathrm{m}\sin\omega t$$

$$i_\mathrm{V} = I_\mathrm{m}\sin\left(\omega t - 120°\right)$$

$$i_\mathrm{W} = I_\mathrm{m}\sin\left(\omega t + 120°\right)$$

其波形如图 5-7c 所示。

a) 最简单的定子绕组　　　　b) 三相绕组的星形联结　　　　c) 三相对称交流电流的波形

图 5-7　定子绕组和三相电流的波形

假定电流参考方向由绕组的始端 U_1、V_1、W_1 流入,由末端 U_2、V_2、W_2 流出。电流流进端用"⊗"表示,流出端用"⊙"表示。下面就分别取 $t=0$、$T/6$、$T/3$、$T/2$ 四个时刻所产生的合成磁场做定性分析(其中 T 为三相交流电流的周期)。

由三相电流的波形可见,当 $t=0$ 时,电流瞬时值 $i_\mathrm{U}=0$、$i_\mathrm{V}<0$、$i_\mathrm{W}>0$。这表示 U 相无电流,V 相电流是从绕组的末端 V_2 流向始端 V_1,W 相电流是从绕组的始端 W_1 流向末端 W_2,这一时刻由三个绕组电流所产生的合成磁场如图 5-8a 所示。它在空间形成磁力线方向自下而上的两极磁场。

两极磁场的
旋转

四极磁场的
旋转

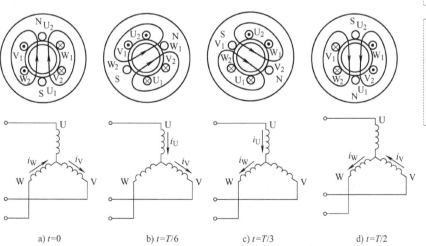

a) $t=0$　　　　b) $t=T/6$　　　　c) $t=T/3$　　　　d) $t=T/2$

图 5-8　两极旋转磁场

当 $t=T/6$ 时,$i_\mathrm{U}>0$、$i_\mathrm{V}<0$、$i_\mathrm{W}=0$,i_U 由 U_1 端流向 U_2 端,i_V 由 V_2 端流向 V_1 端,W 相无电流,其合成磁场如图 5-8b 所示,也是一个两极磁场,但 N、S 极的轴线在空间顺时针

方向转了60°。

当 $t = T/3$ 时，$i_U > 0$、$i_V = 0$、$i_W < 0$，i_U 由 U_1 端流向 U_2 端，V 相无电流，i_W 由 W_2 端流向 W_1 端，其合成磁场比上一时刻又向前转过了60°，如图5-8c所示。

用同样的方法可得出当 $t = T/2$ 时，合成磁场比上一时刻又转过了60°空间角，如图5-8d所示。由此可见，图5-8产生的是1对磁极（由 N、S 两个磁极组成1对磁极）的旋转磁场。当电流经过1个周期的变化时，磁场也沿着顺时针方向旋转1周，即在空间旋转的角度为360°。

（2）旋转磁场的转速　上述旋转磁场具有1对磁极（磁极对数用 p 表示，1对磁极即 $p = 1$），当电流变化1周时，旋转磁场在空间正好转过1周。对于 $f_1 = 50\text{Hz}$ 的工频交流电来说，旋转磁场每秒将在空间旋转50周，其转速 $n_1 = 60f_1 = 60 \times 50\text{r/min} = 3000\text{r/min}$。

若旋转磁场有两对磁极（$p = 2$），则电流变化1周，旋转磁场只转过半周，比 $p = 1$ 的情况下的转速慢了一半，即 $n_1 = 60f_1/2 = 1500\text{r/min}$。以此类推，当旋转磁场具有 p 对磁极时，旋转磁场转速为

$$n_1 = \frac{60f_1}{p} \tag{5-1}$$

式中，f_1 是电源频率，单位为赫兹（Hz）；p 是磁极对数；n_1 是旋转磁场转速，单位为转/分（r/min）。

旋转磁场的转速 n_1 又称为同步转速。由式（5-1）可知，它决定于定子电流频率 f_1（即电源频率）和旋转磁场的磁极对数 p。

我国的工业用电频率 $f_1 = 50\text{Hz}$。同步转速与磁极对数 p 的关系见表5-1。

表5-1 $f_1 = 50\text{Hz}$ 时的同步转速

p	1	2	3	4	5	6
$n_1/(\text{r/min})$	3000	1500	1000	750	600	500

（3）旋转磁场的转向　由图5-8中各瞬间磁场的变化可以看出，当通入三相绕组中电流的相序为 $i_U \to i_V \to i_W$ 时，旋转磁场在空间是沿绕组始端 U→V→W 方向旋转的，在图中即按顺时针方向旋转。如果通入三相绕组中的电流相序任意调换其中两相，此时通入三相绕组电流的相序为 $i_U \to i_W \to i_V$，则旋转磁场按逆时针方向旋转。由此可见，旋转磁场的转向是由三相电流的相序决定的，即将通入三相绕组中的电流相序任意调换其中的两相，就可改变旋转磁场的方向，从而改变电动机的转向。

5.1.3　三相异步电动机的转动原理

当电动机定子绕组通入三相交流电时产生旋转磁场，在图5-9中以旋转的磁极 N、S 表示，转子绕组用一个闭合线圈来表示。

旋转磁场以转速 n_1 顺时针方向旋转，转子绕组切割磁力线，转子绕组中产生感应电动势，其方向用右手定则来确定。旋转磁场顺时针方向旋转，则转子绕组逆时针方向切割磁力线。在 N 极下，导体中感应电动势的方向垂直纸面向外（用⊙表示）；在 S 极下，导体中感应电动势的方向垂直纸面向里（用⊗表示）。由于转子绕组

图5-9　三相异步电动机的转子转动原理

是闭合的,因此在感应电动势的作用下会产生电流,其方向与感应电动势方向相同。转子绕组中的电流与旋转磁场相互作用产生电磁力 F,其方向用左手定则确定。电磁力产生电磁转矩 T,使转子以转速 n 与旋转磁场相同的方向转动起来。整个转动过程简化示意图如图 5-10 所示。

转子的速度 n 不可能与旋转磁场的转速 n_1 相等,如果转子转速等于同步转速,那么转子就和旋转磁场处于相对静止状态,在转子回路中不会产生感应电动势和电流,转子也就不会产生驱动性质的电磁转矩,那么转子必然减速,不可能使转子转速维持同步转速旋转。因此正常运行的异步电动机其转速总小于同步转速,这就是"异步电动机"名称的由来。

图 5-10　三相异步电动机工作原理简化示意图

通常将旋转磁场的转速 n_1 与转子转速 n 的差值称为转差,转差与 n_1 的比值称为转差率,用 s 表示,即

$$s = \frac{n_1 - n}{n_1} \tag{5-2}$$

式(5-2)也可写成
$$n = (1 - s) n_1$$

转差率是异步电动机的一个重要参数,它反映电动机的各种运行情况。转子未转动时, $n = 0$、$s = 1$;电动机理想空载时, $n \approx n_1$、$s \approx 0$。电动机在额定运行状态下,转差率一般在 $0.01 \sim 0.05$ 之间。

【例 5-1】　一台三相异步电动机的额定转速 $n_N = 1460 \text{r/min}$,电源频率 $f = 50 \text{Hz}$,求该电动机的同步转速、磁极对数和额定运行时的转差率。

【解】　由于电动机的额定转速小于且接近于同步转速,对照表 5-1 可知,与 1460r/min 最接近的同步转速为 $n_1 = 1500 \text{r/min}$,与此对应的磁极对数为 $p = 2$,是 4 极电动机。

额定运行时的转差率为

$$s_N = \frac{n_1 - n_N}{n_1} = \frac{1500 - 1460}{1500} = 0.027$$

电动机故障判断及维修

电动机运行过程中,可通过看、听、闻、摸四种方法来及时发现和查找故障,从而可以及时排除以保证电动机的安全运行。

(1)看　观察电动机运行过程中有无异常,其主要表现为以下几种情况:

1) 定子绕组短路时，可能会看到电动机冒烟。

2) 电动机严重过载或断相运行时，转速会变慢且有较沉重的"嗡嗡"声。

3) 若电动机剧烈振动，则可能是传动装置被卡住或电动机固定不良、底脚螺栓松动等。

4) 若电动机内接触点和连接处有变色、烧痕和烟迹等，则说明可能有局部过热、导体连接处接触不良或绕组烧毁等。

（2）听　电动机正常运行时应发出均匀且较轻的"嗡嗡"声，无杂音和特别的声音。若发出噪声太大，包括电磁噪声、轴承杂音、通风噪声、机械摩擦声等，均可能是故障先兆或故障现象。

1) 对于电磁噪声，如果电动机发出忽高忽低且沉重的声音，则原因可能有以下几种：

① 定子与转子间气隙不均匀，此时声音忽高忽低且高低音间隔时间不变，这是轴承磨损从而使定子与转子同轴度变差所致。

② 三相电流不平衡。其原因是三相绕组存在接地、短路或接触不良等，若声音很沉闷则说明电动机严重过载或断相运行。

③ 铁心松动。电动机在运行中因振动而使铁心固定螺栓松动造成铁心硅钢片松动，发出噪声。

2) 对于轴承杂音，应在电动机运行中经常监听。监听方法是：将专用"听棒"或螺钉旋具一端顶住轴承安装部位，另一端贴近耳朵，便可听到轴承运转声。若轴承运转正常，其声音为连续而细小的"沙沙"声，不会有忽高忽低的变化及金属摩擦声。

（3）闻　通过闻电动机的气味也能判断及预防故障。若发现有特殊的油漆味，说明电动机内部温度过高；若发现有很重的糊味或焦臭味，则可能是绝缘层被击穿或绕组已烧毁。

（4）摸　摸电动机一些部位的温度也可判断故障原因。为确保安全，用手摸时应用手背去碰触电动机外壳、轴承周围部分，若发现温度异常，其原因可能有以下几种：

1) 通风不良。如通风道堵塞等。

2) 过载。致使电流过大而使定子绕组过热。

3) 定子绕组匝间短路或三相电流不平衡。

4) 频繁起动或制动。

5) 若轴承周围温度过高，则可能是轴承损坏或缺润滑脂（油）所致。

课堂练一练

1. 在能量转换上，电动机是将_____转换为_____。

2. 一台三相异步电动机，其额定转速为1450r/min，这台电动机有_____个磁极。

5.2　三相异步电动机的电磁转矩和机械特性

5.2.1　三相异步电动机的电磁转矩

电磁转矩是三相异步电动机最重要的参数。电磁转矩的存在是三相异步电动机能够正常工作的先决条件，是分析三相异步电动机机械特性的必要条件。

异步电动机的电磁转矩 T 是由转子电流 I_2 与旋转磁场相互作用而产生的。经数学分析，

电磁转矩 T 为

$$T = CU_1^2 \frac{sR_2}{R_2^2 + (sX_{20})^2} \tag{5-3}$$

式中，C 是一个常数；R_2、X_{20} 分别是转子每相绕组的电阻和电抗，通常也是常数。

5.2.2 三相异步电动机的机械特性

电源电压 U_1 和转子电阻 R_2 一定时，转矩与转差率的关系曲线 $T = f(s)$ 或转矩与转速的关系曲线 $T = f(n)$，称为电动机的机械特性曲线，如图 5-11 所示。

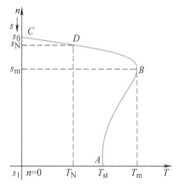

图 5-11 电动机的机械特性曲线

由图 5-11 可见，三相异步电动机的机械特性曲线被 T_m 分成两个性质不同的区域，即 AB 段和 BC 段。

当三相异步电动机起动时，只要起动转矩大于负载转矩，三相异步电动机便转动起来。此时电动机的电磁转矩的变化曲线沿 AB 段运行，转子处于加速状态，使得电动机在较短的时间内很快越过 AB 段而进入 BC 段，在 BC 段随着转速的不断上升，电磁转矩却在下降，当转速上升到一定值，电动机的电磁转矩与负载转矩相等时，电动机的转速就不再上升，电动机就稳定运行在 BC 段。

电动机稳定运行时，其电磁转矩和转速的大小都决定于它所拖动的机械负载。负载转矩变化时，异步电动机的转速变化不大，这种机械特性称为硬特性。三相异步电动机的这种硬特性适用于一般金属切削机床。

为了正确使用电动机，应注意机械特性曲线上的三个重要转矩。

(1) 起动转矩 起动转矩 T_{st} 是表示异步电动机刚接入电源的瞬间，即 $n = 0$ 或 $s = 1$ 时所产生的电磁转矩。为了保证电动机能起动，电动机的起动转矩必须大于电动机静止时的负载转矩。通常用它与额定转矩的比值来衡量起动能力的大小，称为起动系数，即

$$K_{st} = \frac{T_{st}}{T_N} \tag{5-4}$$

一般异步电动机的起动系数为 1.2 ~ 2.2。

(2) 额定转矩 额定转矩表示异步电动机在额定状态工作时的电磁转矩。如忽略电动机本身的负载转矩，可近似地认为，电动机产生的额定电磁转矩 T_N 等于轴上的额定输出转矩，也称为满载转矩 T_N，即

$$T_N = 9550 \frac{P_N}{n_N} \tag{5-5}$$

式中，P_N 是电动机的额定功率（kW）；n_N 是电动机的额定转速（r/min）。

(3) 最大转矩 最大转矩 T_m 表示异步电动机可能产生的最大电磁转矩，常用过载能力来体现。过载系数用 λ_m 表示，定义为

$$\lambda_m = \frac{T_m}{T_N} \tag{5-6}$$

过载系数 λ_m 反映电动机允许的短时过载运行能力，是异步电动机的一个重要指标。λ_m 越大，电动机适应电源电压波动的能力和短时过载的能力就越强。一般三相异步电动机的过

载系数 λ_m 为 1.8~2.5。特殊用途电动机的 λ_m 可达到 3 或更大。

注意

当负载转矩超过最大转矩时，电动机将因为带不动负载而发生停车，俗称"闷车"。此时，电动机的电流立即增大到额定值的 6~7 倍，将引起电动机严重过热，甚至烧毁。因此，电动机在运行中一旦出现堵转过电流时应立即切断电源，并卸掉过重的负载。如果负载转矩只是短时间接近最大转矩而使电动机过载，这是允许的，因为时间很短，电动机不会立即过热。

5.2.3 三相异步电动机的铭牌及技术参数

每台电动机的铭牌上都标注了电动机的型号、额定值和在额定运行状况下的有关技术参数。在铭牌上所规定的额定值和工作条件下运行，称为额定运行。铭牌上的额定值及有关技术数据是正确设计、选择、使用和维修电动机的依据。例如一台 Y160M1—2 型三相异步电动机的铭牌见表 5-2。

表 5-2 三相异步电动机铭牌

三相异步电动机							
型号	Y160M1—2	功率	11kW	频率	50Hz		
电压	380V	电流	21.8A	接法	△		
转速	2930r/min	绝缘等级	B	工作方式	S1		
年　月		编　号		×××制造			

1. 型号 Y160M1—2

Y——笼型三相异步电动机，目前，常用电动机的系列基本为 Y 系列。

160——此数值表示电动机的机座中心高。本例电动机的机座中心高为 160mm。

M——此字母表示电动机的机座号。本例 M 表示中号机座（L、S 分别表示长、短号机座）。

1——此数字是铁心长度代号，数值越大，铁心越长。

2——磁极数为 2 极（即 1 对磁极，$p=1$）。

2. 额定电压 U_N 和接法

U_N 是指电动机额定运行时定子绕组应加的线电压，单位为伏（V）。本例 $U_N=380V$。一般规定电源电压波动不应超过额定值的 ±5%。

对于 Y 系列三相异步电动机，额定功率在 3kW 及以下的为丫联结，4kW 及以上的为△联结。

3. 额定电流 I_N

I_N 是指电动机在额定电压下运行，输出功率达到额定值时，流入定子绕组的线电流，单位为安（A）。本例中 $I_N=21.8A$。

4. 额定功率 P_N

P_N 是指电动机额定运行时轴上输出的机械功率，单位为瓦（W）或千瓦（kW）。本例

$P_N = 11\text{kW}$。额定功率与额定电压、额定电流的关系满足 $P_N = \sqrt{3}\,U_N I_N \cos\varphi_N \eta_N$，其中 $\cos\varphi_N$ 为额定功率因数，η_N 为额定效率。

5．额定频率 f_N

f_N 是保证电动机在规定的环境条件下，加额定电压，输出额定功率时的输出转速时的电源频率。我国电网频率规定为 50Hz。

6．额定转速 n_N

n_N 是指电动机在额定状态下运行时转子的转速，单位为转/分（r/min）。本例中 $n_N = 2930\text{r/min}$。

7．绝缘等级

绝缘等级是指电动机内部所用绝缘材料允许的最高温度等级，它决定了电动机工作时允许的温升。电动机允许最高温度和最高温升（用电阻法测得）与绝缘耐热等级的关系见表 5-3。本例电动机为 130（B）级绝缘。

表 5-3　电动机允许温升与绝缘耐热等级的关系

绝缘耐热等级	130（B）	155（F）	180（H）	200（N）
允许最高温度/℃	130	155	180	200
允许最高温升/K	80	105	125	125 以上

8．工作方式

电动机常用的工作方式有三种：

1）连续工作方式，用 S1 表示，这种工作方式允许电动机在额定条件下长时间连续运行。

2）短时工作方式，用 S2 表示，这种工作方式允许电动机在额定条件下在规定时间内运行。

3）断续工作方式，用 S3 表示，它允许电动机在额定条件下以周期性间歇方式运行。本例中电动机的工作方式为连续工作方式。

课堂练一练

1．三相异步电动机的转子转矩 T 随着转速 n 变化的关系，即 $T = f(n)$ 关系，称为_____。

2．已知 Y90S—4 型异步电动机的技术数据：$P_N = 1.1\text{kW}$，$f_N = 50\text{Hz}$，$U_N = 380\text{V}$，△联结，$\eta = 0.78$，$\cos\varphi = 0.78$，$n_N = 1400\text{r/min}$，试求：（1）线电流和相电流的额定值；（2）输出转矩的额定值。

5.3　电动机的运行

5.3.1　电动机的起动

异步电动机在接通电源后，从静止状态到稳定运行状态的过程，称为起动过程。在起动瞬间，由于 $n=0$，$s=1$，旋转磁场以最大的相对速度切割转子导体，转子感应电动势和电流最大，致使定子起动电流 I_{st} 也很大，其值为额定电流 I_N 的 $4 \sim 7$ 倍。尽管起动电流很大，但因为功率因数很低，所以起动转矩 T_{st} 较小。

过大的起动电流会引起电网电压的明显降低，由此会影响接在同一电网上的其他用电设备的正常运行，严重时连电动机本身也转不起来。起动转矩小会使电动机起动时间拖长，既影响生产效率又会使电动机温度升高，如果起动转矩小于负载转矩，电动机就根本不能起动。

所以必须根据异步电动机的不同情况，采取不同的起动方式，限制起动电流，并应尽可能地提高起动转矩，以保证电动机顺利起动。笼型异步电动机的起动方式有直接起动和减压起动。

1. 直接起动

所谓直接起动，就是起动时直接给电动机加额定电压，故又称全压起动。直接起动的优点是起动设备与操作都比较简单，其缺点就是起动电流大。对于较小容量笼型异步电动机，因电动机起动电流较小，且体积小、惯性小、起动快，一般对电网、电动机本身都不会造成影响，因此可以直接起动，但必须根据电源的容量来限制直接起动电动机容量。

在工程实践中，直接起动可按下列经验公式核定，即

$$\frac{I_{st}}{I_N} \leqslant \frac{3}{4} + \frac{S_N}{4P_N} \tag{5-7}$$

式中，I_{st} 为电动机的起动电流；I_N 为电动机的额定电流；P_N 为电动机的额定功率（kW）；S_N 为电源总容量（kV·A）。

如果不能满足式(5-7)的要求，则必须采取限制起动电流的方式进行起动。

2. 减压起动

如果笼型异步电动机的容量较大或起动频繁，通常采用减压起动，即起动时在电动机的定子绕组加上一个较低的电压，当电动机的转速升高到接近额定转速时，再加额定电压运行。这种方法降低了起动电压，起动电流也随之减小，但起动转矩也显著减小了。因此，这种方法只适用于空载或轻载起动。下面介绍两种笼型异步电动机常用的减压起动方法。

（1）星-三角（Y-△）起动　对于正常工作时定子绕组接成三角形联结的笼型电动机，在起动时可将定子绕组先接成星形联结，待电动机转速接近额定值时，再换接成三角形联结进入正常工作。采用星-三角起动，起动时定子绕组的电压降低到直接起动的 $1/\sqrt{3}$，其起动电流也将减小。图5-12所示为三相异步电动机星-三角起动的电路原理图。在起动时，先将控制开关 SA_1 扳向星形联结位置，将定子绕组接成星形，然后合上电源断路器 QF，开始减压起动。当电动机转速增加到接近额定值时，将 SA_1 断开、SA_2 合上，切换到三角形联结运行的位置上，电动机便接成三角形联结在全压下正常工作。

设定子绕组每相阻抗为 $|Z|$，电源额定电压为 U_{1N}，当采用三角形联结直接起动时的线电流为

图5-12　三相异步电动机
Y-△起动的电路原理图

$$I_{\mathrm{st}\triangle} = I_{1\triangle} = \sqrt{3}\,I_{\mathrm{P}\triangle} = \sqrt{3}\,\frac{U_{1\mathrm{N}}}{|Z|} \tag{5-8}$$

当采用星形联结减压起动时，每相绕组的相电压 $U_{\mathrm{PY}} = U_{1\mathrm{N}}/\sqrt{3}$，线电流为

$$I_{\mathrm{stY}} = I_{\mathrm{PY}} = \frac{U_{\mathrm{PY}}}{|Z|} = \frac{1}{\sqrt{3}}\,\frac{U_{1\mathrm{N}}}{|Z|} \tag{5-9}$$

由式(5-8) 和式(5-9) 可得，星形联结的起动电流为三角形联结起动电流的 1/3。

由于起动转矩 T_{st} 与电源电压的二次方成正比，采用丫-△起动时，起动电压降低为 $U_{1\mathrm{N}}/\sqrt{3}$，起动转矩也随之下降到直接起动时起动转矩的 1/3。所以采用丫-△起动限制起动电流的同时，牺牲了起动转矩。因此，这种起动方法只适用于空载或轻载起动。

 注意

采用星-三角起动方法时设备简单、操作方便，在允许轻载或空载起动的情况下，此方法得到广泛应用，但由于高电压电动机引出六个出线端子有困难，故星-三角减压起动一般仅用于 500V 以下正常运行时定子绕组接成三角形的电动机。

采用这种起动方式，电动机的起动电流和起动转矩都降低到直接起动时的 1/3，因此在使用时必须注意转矩能否满足要求。

【例 5-2】　已知 Y280S—4 笼型异步电动机的额定数据为：$P_{\mathrm{N}} = 75\mathrm{kW}$，$n_{\mathrm{N}} = 1480\mathrm{r/min}$，起动能力 $T_{\mathrm{st}}/T_{\mathrm{N}} = 1.9$，负载转矩为 $200\mathrm{N\cdot m}$，电动机由额定容量为 $320\mathrm{kV\cdot A}$、输出电压为 380V 的三相电力变压器供电，试问：

（1）电动机能否直接起动？

（2）电动机能否采用丫-△起动？

【解】　（1）根据式(5-7) 得

$$\frac{3}{4} + \frac{S_{\mathrm{N}}}{4P_{\mathrm{N}}} = 0.75 + \frac{320}{4\times75} = 1.82 < 4$$

而直接起动时 $I_{\mathrm{st}} = (4\sim7)\,I_{\mathrm{N}}$，所以不能直接起动。

（2）电动机的额定转矩 T_{N} 和起动转矩 T_{st} 分别为

$$T_{\mathrm{N}} = 9550\,\frac{P_{\mathrm{N}}}{n_{\mathrm{N}}} = 9550 \times \frac{75}{1480}\mathrm{N\cdot m} \approx 484\mathrm{N\cdot m}$$

$$T_{\mathrm{st}} = 1.9 \times 484\mathrm{N\cdot m} = 920\mathrm{N\cdot m}$$

如果采用丫-△起动，则起动转矩为

$$T_{\mathrm{stY}} = \frac{1}{3}T_{\mathrm{st}\triangle} = \frac{1}{3} \times 920\mathrm{N\cdot m} = 307\mathrm{N\cdot m} > 200\mathrm{N\cdot m}$$

所以，可以采用丫-△起动。

（2）自耦变压器减压起动　自耦变压器减压起动是利用三相自耦变压器将电动机在起动过程中的端电压降低，其电路原理图如图 5-13 所示。起动时，将开关的操作手柄扳到"起动"位置，这时自耦变压器一次侧接电网，二次侧接电动机定子绕组，实现减压起动。当转速上升到接近额定转速时，再将手柄扳向"运行"位置，切除自耦变压器，使电动机直接与电源相接，在额定电压下正常运行。

根据自耦变压器一、二次电压之比为一、二次绕组的匝数之比，以及电流与电压的关系可得，引入自耦变压器前后的起动电流之比为

$$\frac{I_{st1}}{I_{st}} = \left(\frac{N_2}{N_1}\right)^2 \qquad (5\text{-}10)$$

式中，I_{st1} 为引入自耦变压器之后的起动电流；I_{st} 为直接起动时的起动电流；N_2 为二次绕组匝数；N_1 为一次绕组匝数。

采用自耦变压器减压起动，其起动电流及起动转矩会同时减小，因此这种起动方法只能用于空载或轻载的电动机。

图 5-13　自耦变压器减压
起动电路原理图

自耦变压器的体积大、质量大、价格较高、维修麻烦，且不允许频繁起动。自耦变压器的容量一般选择为等于电动机的容量；其每小时内允许连续起动的次数和每次起动的时间，在产品说明书上都有明确的规定，使用时应注意。

5.3.2　三相异步电动机的调速

电动机的调速就是在同一负载下得到不同的转速，以满足生产过程的要求。例如，各种切削机床的主轴运动随着工件与刀具的材料、工件直径、加工工艺的要求及进给量的大小等的不同，要求有不同的转速，以获得最高的生产效率和保证加工质量。如果采用电气调速，就可以大大简化机械变速机构。异步电动机的转速公式为

$$n = (1-s)\, n_1 = (1-s)\, 60\frac{f_1}{p} \qquad (5\text{-}11)$$

式(5-11)表明，三相异步电动机的调速方法有变频调速、变极调速、变转差率调速三种，前两种方法可用于笼型异步电动机，后一种方法只可用于绕线转子异步电动机。

（1）变极调速　变极调速就是改变电动机旋转磁场的磁极对数 p，从而使电动机的同步转速 n_1 发生变化而实现电动机的调速，一般采用改变定子绕组的连接来实现。一般异步电动机制造出来后，其磁极对数是不能随意改变的。可以改变磁极对数的笼型异步电动机是专门制造的，有双速或多速电动机的单独产品系列。

这种调速方法简单，但只能进行速度档数不多的有级调速。在实际应用中，常将变极调速与其他调速方法配合，以改善调速的平滑性。

（2）变频调速　异步电动机的转速正比于电源的频率，连续调节电源的频率 f_1，即可连续调节电动机的转速。近年来，变频调速技术发展很快，通过变频装置可将 380V、50Hz 的三相交流电变换为所需的频率 f_2 和电压有效值 U_2 可调的三相交流电，从而实现了异步电动机的无级调速，如图 5-14 所示。

图 5-14　异步电动机
的变频调速

变频调速是性能最好的调速方法，但需要专门的变频装置。随着电子变频技术的迅速发展，这种调速方法已得到越来越广泛的应用。

（3）变转差率调速　在绕线转子异步电动机的转子电路中，接入调速变阻器，改变转子回路电阻，即可实现调速，这种调速方法也能平滑地调节电动机的转速，但能耗较大，调速范围有限，目前主要应用在起重设备中。

5.3.3　电动机的制动

三相异步电动机切除电源后依靠惯性还要转动一段时间才能停下来，而生产中起重机的吊钩或卷扬机的吊篮要求准确定位；万能铣床的主轴要求能迅速停下来，这就需要制动。制动就是给电动机一个与转动方向相反的转矩，促使它很快地减速和停转。常用的电气制动方法有两种：能耗制动与反接制动。

1．能耗制动

如图 5-15 所示，电动机定子绕组切断三相电源后，立即通入直流电，在定子和转子间形成恒定磁场。根据右手定则和左手定则不难确定，此时惯性运转的转子导体切割磁力线，在转子导体上产生感应电流，该电流又与磁场发生电磁作用产生电磁转矩，可见这时的电磁转矩与惯性运转方向相反，所以是制动转矩。在此制动转矩作用下，电动机将迅速停转。这种制动方法将转子及拖动系统的动能转换为电能并以热能的形式迅速消耗在转子电路中，因而称为能耗制动。

图 5-15　能耗制动原理图

能耗制动的优点是制动平衡，消耗电能少，但需要有直流电源。这种制动方法广泛应用于一些金属切削机床、矿井提升和起重机运输等生产机械中。

2．反接制动

改变电动机三相电流的相序，使电动机的旋转磁场反转的制动方法称为反接制动。制动时，将电动机与电源连接的三根导线用控制电路任意对调两根，于是旋转磁场反向。惯性运转的转子与反向旋转磁场间的作用，产生了与转子惯性运转方向相反的制动转矩，它使电动机转速迅速降低，当转速接近零时，通常由控制电路自动切断反接电源，以免电动机反向运转。

反接制动的优点是制动强度大、制动速度快；缺点是能量损耗大、对电动机和电源产生的冲击大、易损坏传动零件、不易实现准确停转。反接制动常用于起动不频繁、功率小于10kW的中小型机床及辅助性的电力拖动设备中。

知识拓展

机 械 制 动

利用机械装置使电动机断开电源后迅速停转的方法叫作机械制动。常用的方法是电磁制动器制动。电磁制动器装置的外形及结构如图5-16所示。

图5-16　电磁制动器装置的外形及结构

1. 电磁制动器的结构

电磁制动器主要由两部分组成：制动电磁铁和闸瓦制动器。制动电磁铁由铁心、衔铁和线圈三部分组成。闸瓦制动器包括闸轮、闸瓦和弹簧等。

2. 工作原理

电动机接通电源，同时电磁制动器线圈也得电，衔铁吸合，克服弹簧的拉力使制动器的闸瓦与闸轮分开，电动机正常运转。

断开开关或接触器，电动机失电，同时电磁制动器线圈也失电，衔铁在弹簧拉力作用下与铁心分开，并使制动器的闸瓦紧紧抱住闸轮，电动机被制动而停转。

3. 电磁制动器制动的特点

1）优点：制动力强，广泛应用在起重设备上；安全可靠，不会因突然断电而发生事故。

2）缺点：电磁制动器体积较大，制动器磨损严重，快速制动时会产生振动。

课堂练一练

1. 额定电压为380V、星形联结的三相异步电动机能否采用星-三角减压起动？为什么？

2. 若供电电源频率$f=50$Hz，三相异步电动机的转速能否高于3000r/min？为什么？若采用变频调速，希望$n=3520$r/min，则应将电源频率调到多少？

5.4　常用低压电器

在电能的产生、输送、分配和应用中，起着开关、控制、调节和保护作用的电气设备称为电器。低压电器通常是指工作在交流电压 1000V 及以下、直流电压 1500V 及以下电路中的电器。

低压电器按它的动作方式可分为：

（1）手动电器 这类电器的动作是由工作人员手动操纵的，例如刀开关、组合开关及按钮等。

（2）自动电器 这类电器是按照操作指令或参量变化信号自动动作的，例如接触器、继电器、熔断器和行程开关等。

低压电器按它在电路中所起的作用可分为：

（1）控制电器 这类电器主要用来控制电动机起动、停止、正反转或调速等。

（2）保护电器 这类电器主要用来保护受控对象和控制电路不遭受故障或事故危害，例如对电动机进行短路、过载和失电压保护等。

下面介绍几种控制电路中常用的低压电器。

5.4.1 开关电器

1. 刀开关

刀开关是结构最简单、应用最广泛的一种手动电器。刀开关在低压小功率电路中，用于不频繁接通和分断电路，或用来将电路与电源隔离。刀开关结构简单，主要由绝缘底板、动触刀、静触座以及手柄等组成。按动触刀的数目分类，可分为单极、双极和三极三种类型。图 5-17 是刀开关的外形、结构图及电路符号。

名称	刀开关
图形符号	
文字符号	QK

a) 外形   b) 结构示意图   c) 电路符号

图 5-17 刀开关的外形、结构图及电路符号

在安装使用刀开关时必须注意：合闸接通电源时，动触刀是向上推入静触座的，这个方向是正确的安装方向。如果刀开关倒装，若长期振动或使用时间过长，则会引起动触刀铰链支座松动，结果即使不合闸，稍有振动，动触刀也会自行掉下来接通电源，造成误合闸。另外，应将电源接入上方的进线座（即与静触座相连的接线端），负载接入下方的出线座（即与动触刀相连的接线端）。这样当断开电源时，裸露在外面的动触刀是不带电的，保证了用电安全。

2. 组合开关

组合开关又称转换开关，外形示例如图 5-18a 所示。它由数层动静触片、转轴及手柄组装在绝缘盒组成。动触片装在转轴上，用手柄转动转轴使动触片与静触片接通或断开，可实

现多条线路、不同连接方式的转换。图 5-18b 为手动组合开关的结构示意图。组合开关的电路符号如图 5-18c 所示。

3. 断路器

断路器是一种既有手动开关作用又具有欠电压、失电压、过载和短路保护作用的电器。在正常情况下，也可用于不频繁地接通和断开电路及控制电动机。

名称	组合开关
图形符号	
文字符号	SC

a) 外形示例　　　b) 结构示意图　　　c) 电路符号

图 5-18　组合开关的外形示例、结构和电路符号

断路器主要由三个基本部分组成，即：触点和灭弧系统；各种脱扣器，包括过电流脱扣器、失电压（欠电压）脱扣器、热脱扣器和分励脱扣器；操作机构和自由脱扣机构。图 5-19 是断路器的外形示例图、电路符号和工作原理图。

名称	断路器
图形符号	
文字符号	QF

a) 外形示例　　　　　　b) 电路符号

c) 工作原理图

图 5-19　断路器的外形示例、电路符号和工作原理图

图 5-19c 中，断路器的主触点是靠操作机构手动或电动合闸的，主触点闭合后，自由脱扣机构将主触点锁在合闸位置上。过电流脱扣器（电磁脱扣器）的线圈和热脱扣器的热元件与主电路串联，失电压脱扣器的线圈与主电路并联。当电路发生短路或严重过载时，过电流脱扣器的衔铁被吸合，使自由脱扣机构动作；当电路过载时，热脱扣器的热元件产生的热量增加，加热双金属片，使之向上弯曲，推动自由脱扣机构动作；当电路出现失电压现象时，失电压脱扣器的衔铁释放，也使自由脱扣机构动作。自由脱扣机构动作时自动脱扣，使断路器自动跳闸，主触点断开分断电路；分励脱扣器则用于远距离控制分断电路。

5.4.2　主令电器

主令电器属于控制电器，在自动控制系统中用于接通和分断控制电路以达到发号施令的目的。主令电器应用广泛、种类繁多，按其作用可分为：按钮、行程开关、接近开关及其他主令控制器等。

1．按钮

按钮是一种结构简单、在控制电路中发出手动"指令"的主令电器。按钮的外形示例、结构及电路符号如图 5-20 所示，其中 1、2 是一对常闭触点，3、4 是一对常开触点。按钮未按下时，常开触点断开、常闭触点闭合；按下时，常闭触点断开、常开触点闭合；当松开后，按钮在复位弹簧的作用下复位。

为便于识别各按钮的作用，避免误操作，通常在按钮上加以标注或以按钮帽的颜色加以区别。一般红色表示停止、绿色表示起动、黑色表示点动等。

a) 外形示例　　　　　　　　　b) 结构示意图

名称	常开触点	常闭触点	复合触点
图形符号	E-\	E-γ	E-\γ
文字符号	SB		

c) 电路符号

图 5-20　按钮的外形示例、结构及电路符号

2．行程开关

行程开关又称限位开关，是一种利用生产机械某些运动部件的碰撞来发出控制指令的主

a) 直动式　　　　　　b) 单轮转动式　　　　　　c) 双轮转动式

名称	常开触点	常闭触点	复合触点
图形符号			
文字符号	SQ		

d) 电路符号

图 5-21　行程开关的外形示例及电路符号

令电器。它用于控制生产机械的运动方向、行程大小或位置保护。图 5-21 为行程开关的外形示例及电路符号。

行程开关的种类很多，按其运动形式可分为直动式（按钮式）和转动式（又分单轮转动式和双轮转动式）等，其结构可分为三个部分：操作机构、触点系统和外壳。

行程开关的工作原理和按钮相似，其动作靠生产机械运动部件上的撞块来撞压。当撞块压到行程开关时，使其常闭触点断开、常开触点闭合。当撞块离开时，靠弹簧作用使触点复位（双轮转动式行程开关要靠反向撞动来复位）。

5.4.3　执行电器

执行电器包括接触器和各类继电器。

1．接触器

接触器是一种自动控制电器，可用来频繁地接通或断开交、直流主电路及大容量控制电路。它还具有失电压和欠电压释放保护功能，适用于频繁操作和远距离控制，是电力拖动自动控制系统中应用最广泛的低压电器。接触器按其主触点通过电流的种类不同，可分为交流接触器和直流接触器。这里主要介绍交流接触器。

（1）交流接触器的结构　图 5-22 为交流接触器的外形示例、结构和电路符号，交流接触器主要由电磁机构、触点系统和灭弧装置三部分组成。

电磁机构由励磁线圈、动铁心（衔铁）、静铁心组成。铁心用硅钢片叠压铆成，交流接触器的电磁机构大多采用衔铁直线运动的双 E 形结构，其端面的一部分套有短路铜环，以减小衔铁吸合后的振动和噪声。

触点系统是接触器的执行元件，用以接通或分断所控制的电路，插接式交流接触器还可

a) 外形示例　　　　　　　　　　b) 结构示意图

接触器的检测

c) 电路符号

图 5-22　交流接触器的外形示例、结构和电路符号

以根据需要扩展辅助触点的数量。

此外，交流接触器还有各种弹簧、传动机构及外壳等。

（2）交流接触器的工作原理　交流接触器的工作原理是利用电磁力与弹簧弹力相配合，实现触点的接通和分断的。交流接触器有两种工作状态：失电状态（释放状态）和得电状态（动作状态）。当线圈通电后，静铁心产生电磁力，衔铁被吸合，与衔铁相连的连杆带动触点动作，使常闭触点断开、常开触点闭合，接触器处于得电状态；当线圈断电时，电磁力消失，衔铁在复位弹簧作用下释放，所有触点随之复位，接触器处于失电状态。

 注意

交流接触器选用与安装时应注意以下几点：

1）接触器主触点的额定电压不低于负载额定电压，额定电流一般不小于 1.3 倍的负载额定电流。

2）接触器的辅触点数量、种类应满足控制电路的要求。

3）操作频率（每小时触点通断次数）应满足控制电路的要求。

4）接触器的安装多为垂直安装，其倾斜角不得超过 5°。

2．继电器

（1）中间继电器　中间继电器的触点对数较多（8 对或更多），触点允许通过的电流较小，一般用于 5A 以下控制电路中的信号放大或多路控制转换。例如，当控制电流太小而不能直接使容量较大的接触器动作时，可用该控制电流先控制一个中间继电器，由中间继电器再控制接触器，此时中间继电器作为信号放大使用。

图 5-23 为中间继电器的外形示例及电路符号。它的结构和动作原理与接触器相似，区

别在于它没有主、辅触点之分，没有灭弧装置。

a) 外形示例

名称	线圈	常开触点	常闭触点
图形符号			
文字符号	KA		

b) 电路符号

图 5-23　中间继电器的外形示例及电路符号

（2）时间继电器　时间继电器是一种利用电磁原理、电子电路或机械动作原理实现触点延时接通或断开的自动控制电器。时间继电器的种类很多，有电磁式、空气阻尼式、电动式、电子式等。

图 5-24 为时间继电器的外形示例及电路符号。时间继电器按其功能可分为"通电延时型"和"断电延时型"两种。各种延时触点是在一般（瞬时）触点的基础上，加一段圆弧，圆弧向心方向表示触点延时动作的方向，圆弧离心方向表示触点瞬时动作的方向。例如，延时闭合常开触点，即通电延时常开触点，表示向右闭合（通电时）是延时的，而向左断开是瞬时的。

a) 外形示例

名称	通电延时线圈	延时闭合常开触点	延时断开常闭触点	断电延时线圈	延时断开常开触点	延时闭合常闭触点
图形符号						
文字符号	KT					

b) 电路符号

图 5-24　时间继电器的外形示例及电路符号

时间继电器的选择应注意延时性质（通电延时或断电延时）及范围、工作电压等。

（3）速度继电器　速度继电器是用来反映转速和转向变化的自动电器。它主要用于笼型异步电动机的反接制动控制。速度继电器主要由转子、定子和触点三部分组成，如图 5-25 所示。转子是一个圆柱形永久磁铁，它与被控制的电动机的轴连在一起，由电动机带动。定子是一个笼形空心圆环，由硅钢片叠成，并装有笼形绕组。定子上还装有胶木摆锤。两组复合触点，每组有一个簧片（动触点）和两个静触点，构成了速度继电器的常开触点和常闭触点。

速度继电器的工作原理与笼型异步电动机类似。当电动机转动时，速度继电器的转子随之一起转动（相当于异步电动机的旋转磁场），定子绕组便切割磁场产生感应电动势并形成电流，该电流与磁场作用产生转矩，使定子和转子同方向转动，带动胶木摆锤转动，推动簧

名称	转子	常开触点	常闭触点
图形符号			
文字符号	KS		

a) 结构示意图　　　　　　　　　b) 电路符号

图 5-25　速度继电器的结构及电路符号

片动作，使常开触点闭合，常闭触点断开。当电动机转速低于某一值时定子产生的转矩减小，触点复位。

5.4.4　保护电器

1．熔断器

熔断器是在电路中用作短路保护的电器。由于结构简单、价格便宜、使用维护方便、体积小，广泛用于配电系统和机床电气控制系统中。熔断器的种类有瓷插式熔断器、螺旋式熔断器以及快速熔断器等，可根据不同的用途选用。熔断器的外形示例及电路符号如图 5-26 所示。

熔断器起保护作用的部分是熔丝或熔片（二者统称熔体）。将熔体装入盒内或绝缘管内就成为熔断器。熔断器串联在电路中，当线路或电气设备发生短路或严重过载时，熔断器中的熔体首先熔断，使线路或电气设备脱离电源，起到保护电气设备的作用。

2．热继电器

热继电器是利用感温元件受热而动作的一种继电器，主要用于电动机或其他负载的过载保护。图 5-27 为热继电器的外形示例、结构原理图及电路符号。

热继电器主要由热元件、常闭触点及动作机构组

名称	熔断器
图形符号	
文字符号	FU

a) 外形示例　　b) 电路符号

图 5-26　熔断器的外形示例及电路符号

成。热元件是由双金属片和绕在它上面的电阻丝构成的，热元件的电阻丝接在电动机的主电路中。双金属片由两种具有不同膨胀系数的金属轧制而成，下层金属的膨胀系数大，上层的小。当主电路中电流超过容许值而使双金属片受热时，它向上弯曲达到一定程度后，导致与扣板脱扣，扣板在弹簧的拉力下将常闭触点断开。触点是接在电动机的控制电路中的，控制电路断开而使接触器的线圈断电，从而断开电动机的主电路。

由于热惯性，热继电器不能用于短路保护。因为发生短路事故时，要求电路立即断开，而热继电器是不能立即动作的。但是在电动机起动或短时过载时，热继电器不动作，可避免电动机的不必要的停车。

选用热继电器时，应根据负载（电动机）的额定电流来确定其型号和热元件的电流等级。

a) 外形示例   b) 结构原理图

热继电器介绍

名称	热元件	常闭触点
图形符号		
文字符号	FR	

c) 电路符号

图 5-27 热继电器的外形示例、结构原理图和电路符号

5.5 三相异步电动机基本控制电路

现代生产机械的运动部件主要是以各类电动机或其他执行电器来驱动的。为了保证生产过程和加工工艺合乎预定要求，要对电动机进行自动控制，人们设计了各种电气控制电路。在长期的实践中，人们已经将这些控制电路总结成最基本的单元供选用。异步电动机继电器-接触器控制系统是将常用电器和电动机按一定的要求和方式连接起来，实现电气自动控制的系统。为了便于表达继电器-接触器控制系统的结构、原理、安装和使用，需要用一定的图形表示出来，电气控制电路图（又称电气原理图）是其中最重要、最基本的一种。

要掌握继电器-接触器控制电路，必须先了解以下几点：

1）电气控制电路图主要分主电路和控制电路两部分。电动机通路为主电路，一般画在左边；继电器、接触器线圈通路为控制电路，一般画在右边。此外还有信号电路、照明电路等辅助电路。

2）在电气控制电路中，同一电器的不同元件，根据其作用画在不同地方，但用相同的文字符号标明。

3）同种电器使用相同的文字符号，但在其后标上数码或字母以示区别。

4）全部触点按常态给出。对接触器、继电器来说，是指未通电时的状态；对按钮、行程开关来说，是指未受外力时的状态。

电气控制电路图的识图步骤是先看主电路，再看控制电路，最后看辅助电路，一般从左至右，自上而下，按动作的先后次序，逐个弄清它们动作的条件和作用，最后掌握整个控制电路的工作原理。

5.5.1 电动机连续运行控制电路

图 5-28b 是一种广泛采用的电动机连续运行控制电路。由断路器 QF、熔断器 FU_1、接

触器 KM 的主触点、热继电器 FR 的热元件与电动机 M 构成主电路；由停止按钮（SB_1 的常闭触点）、起动按钮（SB_2 的常开触点）、接触器 KM 的线圈及热继电器 FR 的常闭触点构成控制电路，并在起动按钮上并联了接触器 KM 的辅助常开触点。

连续运行控制电路的工作原理如下：

合上 QF，为电动机起动做准备。

电动机连续
运行控制
电路

（1）起动

按下 SB_2→KM 线圈得电——→KM 主触点闭合→M 运转

　　　　　　　　　　　　└→KM 辅助常开触点闭合→自锁

当松开 SB_2 后，由于 KM 辅助常开触点闭合，KM 线圈仍得电，电动机 M 继续运转。这种依靠接触器自身辅助触点使其线圈保持通电的现象称为自锁（或称自保），这种起自锁作用的辅助触点，称为自锁触点（或称自保触点）。这样的控制电路称为具有自锁（或自保）功能的控制电路。

a) 主电路　　　　　　b) 连续运行控制电路　　　　c) 具有点动和连续运行的控制电路

图 5-28　异步电动机的连续运行和点动运行控制电路原理图

（2）停止

按下 SB_1→KM 线圈失电——→KM 主触点断开→M 停转

　　　　　　　　　　　　└→KM 辅助常开触点断开→自锁解锁

图 5-28c 中 SB_3 为点动按钮，当按下 SB_3 时，接触器 KM 线圈得电，其主触点闭合，电动机通电转动（此时，SB_3 常闭触点断开，KM 辅助常开触点的自锁动作不起作用）。

当松开 SB_3 时，接触器 KM 线圈失电，其主触点分断，电动机断电停转。

这种按下按钮电动机就转动、松开按钮电动机就停转的操作叫作点动。如机床的某些校准工作需要这种操作。

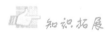知识拓展

控制电路保护

控制电路一般需具有以下三个保护功能：

（1）短路保护　电路中熔断器起到短路保护作用。一旦电路发生短路事故，熔体立即

熔断,电动机立即停止运行。

(2)过载保护 电路中热继电器起到过载保护作用。如电路发生过载,主电路中的电流增大到超过设定的电动机电流,使串联在主电路中的热元件过热,将热继电器中的常闭触点断开,导致控制电路中的接触器吸引线圈 KM 失电,主触点断开,电动机立即停止运行。热继电器的三个热元件分别串联在主电路的各相线上,即使是断相运行,其他相的热元件仍通有电流,也可起到断相保护作用。

(3)失电压保护 电路中接触器还起到失电压(零电压)保护作用。在电动机正常运行时,电源突然断电或电源电压严重下降时,接触器触点断开,自动切断主电路和自锁回路,电动机停止运行。当电源恢复供电时,电动机不能自行起动,必须重新按下起动按钮才能重新运行。如果不采用接触器控制而直接手动控制,若发生突然断电且未及时断开电源,在电源恢复供电时,电动机将自行起动,可能造成人身和设备伤害事故。

5.5.2 异步电动机的正反转与自动往返控制

1. 异步电动机的正反转控制

在生产加工过程中,除了要求电动机实现单向运行外,往往还要求电动机能实现可逆运行。如改变机床工作台的运动方向,起重机吊钩的上升或下降等。由异步电动机的工作原理可知,如果将接至电动机的三相电源进线中的任意两相对调,就可以实现电动机的反转。

图 5-29b 为接触器互锁的电动机正反转控制电路,其中主电路与单向连续运行控制电路相比,只增加了一个反转控制接触器 KM_2。当 KM_1 的主触点接通时,电动机接电源正相序;当 KM_2 的主触点接通时,电动机接电源反相序,从而实现电动机的正转和反转。但为了避免两接触器同时动作而造成电源相间短路,在控制电路中必须采取保护措施。

a)主电路　　　　b)接触器互锁的电动机正反转控制电路　　　　c)接触器、按钮双重互锁的正反转控制电路

图 5-29　电动机正反转控制电路

在图 5-29b 所示的控制电路中，两个接触器的辅助常闭触点 KM_1、KM_2 起着相互控制作用，即一个接触器通电时，其辅助常闭触点会断开，使另一个接触器的线圈支路不能通电。这种利用两个接触器的辅助常闭触点互相控制的方法称为互锁（也称联锁），而这两对起互锁作用的触点称为互锁触点。接触器互锁的正反转控制的工作原理如下：

（1）正转起动

按下 SB_2→KM_1 线圈得电$\longrightarrow$
- →KM_1 主触点闭合→M 正转
- →KM_1 辅助常闭触点断开→互锁 KM_2 线圈支路
- →KM_1 辅助常开触点闭合→自锁

（2）停止

按下 SB_1→KM_1 线圈失电$\longrightarrow$
- →KM_1 主触点断开→M 停转
- →KM_1 辅助常闭触点复位闭合→互锁解锁
- →KM_1 辅助常开触点断开→自锁解锁

（3）反转起动

按下 SB_3→KM_2 线圈得电$\longrightarrow$
- →KM_2 主触点闭合→M 反转
- →KM_2 辅助常闭触点断开→互锁 KM_1 线圈支路
- →KM_2 辅助常开触点闭合→自锁

这种电路保证了主电路的电源不会出现相线间短路。但是要改变电动机的转向，必须先按下停止按钮使接触器触点复位后，才能按下另一个起动按钮使电动机反向运转。

图 5-29c 为接触器、按钮双重互锁的正反转控制电路。所谓按钮互锁，就是将复合按钮常开触点作为起动按钮，而将其常闭触点作为互锁触点串联在另一个接触器线圈支路中。这样，要使电动机改变转向，只要直接按反转按钮就可以了，而不必先按停止按钮。同时，控制电路中保留了接触器的互锁作用，因此具有双重互锁的功能（其工作原理请按上述方法自行分析）。这种双重互锁的正反转控制电路，安全可靠、操作方便，电力拖动自动控制系统中广泛采用。

2. 自动往返控制

生产中常常需要控制某些机械运动的行程，在对工件进行自动加工时，需要通过控制电动机正反转的自动切换，实现工作台的自动往返运动，通常称为自动往返控制，如图 5-30 所示，其工作原理如下：

行程开关 SQ_1 位于生产机械左端需要反向的位置上，而 SQ_2 放在生产机械右端需要反向的位置上，机械撞块 1、2 分别放在运动部件的左侧和右侧。

起动时，按下正转起动按钮 SB_2，KM_1 线圈通电自锁，电动机正转运行并带动机床运动部件左移，当运动部件上的撞块 1 碰撞到行程开关 SQ_1 时，将 SQ_1 压下，使其常闭触点断开，切断了正转接触器 KM_1 线圈回路；同时，SQ_1 的常开触点闭合，接通了反转接触器 KM_2 线圈回路，使 KM_2 得电自锁，电动机由正向旋转变为反向旋转，带动运动部件向右运动，当运动部件上的撞块 2 碰撞到行程开关 SQ_2 时，SQ_2 动作，使电动机由反转又转入正转运行，如此往返运动，从而实现运动部件的自动循环控制。

如果先按下反转起动按钮 SB_3，其控制过程与上述内容相同，请读者自行分析。

5.5.3 顺序控制电路

在装有多台电动机的生产机械上，常因各台电动机的用途不同而要求按一定的先后顺序

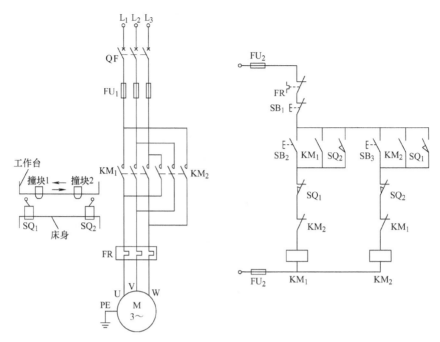

图 5-30　自动往返循环控制电路

起动或要求按一定的顺序停止，才能保证操作过程的合理和工作的安全可靠。这种要求几台电动机的起动或停止按一定的先后顺序来完成的控制方式称为电动机的顺序控制。

图 5-31 所示为两台电动机顺序起动逆序停止控制电路，其工作原理如下：

图 5-31　电动机顺序起动逆序停止控制电路

合上 QF 后，按下起动按钮 SB₂→接触器 KM₁ 的线圈得电→KM₁ 的主触点闭合、自锁触点闭合→电动机 M₁ 转动；与 KM₂ 线圈串联的 KM₁ 常开触点闭合，此时按下按钮 SB₄，电

动机 M_2 才能起动起来，这就保证了电动机 M_1 先于电动机 M_2 起动。

停止时先按下按钮 SB_3，KM_2 线圈断电，电动机 M_2 停转；同时并联在 SB_1 两端的 KM_2 常开触点断开，此时再按下 SB_1，KM_1 线圈方可断电，电动机 M_1 停转。

归纳

顺序控制的规律为：若要求甲接触器线圈工作后才允许乙接触器工作，则在乙接触器线圈电路中串联甲接触器的常开触点；若要求乙接触器线圈断电后才允许甲接触器线圈断电，则将乙接触器的常开触点并联在甲接触器的停止按钮两端。

5.5.4　多地控制电路

对于大型生产机械和设备，为了操作方便，需要在几个不同方位进行操作和控制，即实现多地控制。多地控制是用多组起动按钮、停止按钮来进行控制的，这些按钮连接的原则是：各起动按钮的常开触点并联，各停止按钮的常闭触点串联。这样，在任何一处按下起动按钮，接触器都能得电，电动机都能起动运行；在任何一处按下停止按钮，触器线圈都断电释放，都能使电动机停止转动。图 5-32 为两地控制电路。

图 5-32　两地控制电路

5.6　单相异步电动机

单相异步电动机是由单相电源供电运行的异步电动机，定子上有一个或两个绕组，而转子大多为笼型转子。图 5-33 所示为双值电容单相异步电动机的外形。单相异步电动机的功率一般在 1000W 以内，它广泛应用于小型机床、轻工设备、医疗机械、家用电器、电动工具、家庭用水泵及仪器仪表等众多领域。

5.6.1　单相异步电动机的工作原理

在单相异步电动机的定子绕组通入单相交流电，电动机内产生一个大小及方向随时间沿定子绕组轴线方向的磁场，称为脉动磁场。脉动磁场的产生如图 5-34 所示。

图 5-33　双值电容单相异步电动机的外形

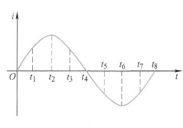

图 5-34　脉动磁场的产生

脉动磁场可以分解为两个大小一样、转速相等、方向相反的旋转磁场 B_1、B_2。顺时针方向转动的旋转磁场 B_1 对转子产生顺时针方向的电磁转矩；逆时针方向转动的旋转磁场 B_2 对转子产生逆时针方向的电磁转矩。由于在任何时刻这两个电磁转矩大小相等、方向相反，所以电动机的转子是不会转动的，也就是说，单相异步电动机的起动转矩为零，它不能自行起动，这是单相异步电动机的特点。但转子一旦转动起来，单相异步电动机的转子就能沿着原来的运动方向继续运转。脉动磁场的分解如图5-35所示。

所以，要使单相异步电动机转动的关键是要产生一个起动转矩，不同类型单相异步电动机产生起动转矩的方法不同，常用的单相异步电动机分为电容分相式和罩极式两种。这里以电容分相式为例介绍单相异步电动机的工作原理。

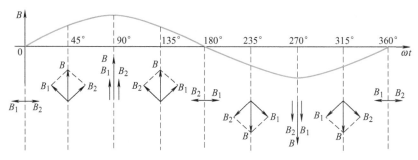

图5-35 脉动磁场的分解

5.6.2 电容分相式单相异步电动机

电容分相式单相异步电动机在定子上装有在空间上互差90°的两个绕组，一个称为工作绕组，另一个称为起动绕组。这两个绕组接同一单相电源，为了使起动绕组中电流 i_B 在相位上超前工作绕组电流 i_A 的角度为90°，在起动绕组中串联一个容量合适的电容器，如图5-36所示，其波形图如图5-37所示。当相位差等于90°的两相交流电 i_A 和 i_B 通入这两个绕组中时，就能产生一个旋转磁场，其原理与三相异步电动机旋转磁场的分析方法相同。在这个旋转磁场作用下，使转子得到起动转矩而转动。

图5-36 电容分相式异步电动机

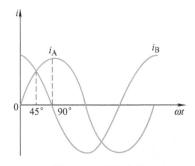

图5-37 两相电流

若起动绕组只在起动时接入，当电动机转速达到额定转速的75%左右时，通过离心开关S将起动绕组与电源断开，这种电动机称为电容起动式单相异步电动机。起动绕组和电容器长期接入电路的电动机称为电容运行式单相异步电动机。

单相异步电动机的转动方向取决于工作绕组和起动绕组的相序。改变电容器与绕组接线的位置，可以改变电动机的转向，如图 5-38 所示。

图 5-38　单相异步电动机的正反转原理图

单相异步电动机的优点：使用方便、结构简单、运行可靠、价格低廉、维护方便等。缺点：体积较大、功率因数及过载能力都较低。

三相异步电动机也可能运行在单相情况下，若三相异步电动机的三根电源线断了一相（如一相熔断器熔断），就成为两相运行。此时与电容分相式单相电动机运行情况类似。若在起动时断了一相，电动机将由于起动转矩过小而不能起动，只听到嗡嗡声。这时电流很大，时间长了，电动机将被烧坏。如果在运行中断了一相，电动机将继续转动，若此时还带有额定负载，绕组中的电流势必超过额定电流，时间一长，也会使电动机烧坏。在无过载保护时，这种情况往往不易察觉，使用时必须注意。

稀土永磁电机——电机工业技术发展的重要趋势

高性能稀土永磁电机是许多高新技术产业的基础。它与电力电子技术和微电子控制技术相结合，可以制造出各种性能优异的机电一体化产品，如数控机床、加工中心、柔性生产线、机器人、电动车、高性能家用电器、计算机等。

稀土永磁电机是在 Y 系列电机的基础上，将电机转子嵌入稀土永磁材料而成，与普通电机相比，稀土永磁电机具有以下优点：

1）体积小、质量小、耗材少。由于稀土永磁材料的高磁性能和高矫顽力，实现了电机磁路系统的小型化、轻量化。例如对于 10kW 发电机来说，常规的质量为 220kg，而永磁发电机质量仅为 92kg，相当于常规发电机质量的 41.8%。

2）高性能化是稀土永磁电机的突出特点，稀土永磁电机的有些性能是传统标准电机所不能及的。例如，数控机床用稀土永磁伺服电动机后，调速比高达 1：10000，稀土永磁伺服电动机可以实现精密控制驱动，转速控制精度可达 0.01%。它还具有运行精度高（如计算机磁盘驱动器的摆动电动机端面与磁盘之间的跳动量要求达到 0.1～0.3μm）、运行噪声小、平稳性好、过载能力大等特点。

3）稀土永磁电动机是一种高效节能产品，平均节电率高达 10% 以上，专用稀土永磁电动机可高达 15%～20%。在风机、水泵、压缩机需要无级调速的场合，异步电动机变频调速可节电 25% 左右，稀土永磁无刷电动机可节电 30% 以上。

稀土永磁电机的上述优点加之钕铁硼（NdFeB）等稀土永磁材料的磁性能高于其他永磁

材料，价格又低于钐钴永磁材料，因此，发展永磁同步电动机是新时期电机工业技术发展趋势之一，对它的研究、开发重点已从军用转向工业和民用上。

技能训练四　三相异步电动机连续运行控制电路制作

1. 训练目的

1）掌握三相异步电动机连续运行控制电路的接线、调试技能。

2）学会用电工工具仪表排除控制电路中出现的故障。

2. 训练所用仪器与设备

1）电气控制技能训练台 1 台。

2）电工常用工具 1 套。

3）万用表 1 块。

4）三相笼型异步电动机 1 台。

3. 训练内容与步骤

1）三相异步电动机连续运行控制电路如图 5-39 所示，分析控制电路的工作原理。

2）选择电路制作所需的元器件及工具仪表。

3）电路的连接：连接电路时，应先连接主电路，后连接控制电路。

4）不通电检查：首先检查有无绝缘层压入接线端子，再检查裸露的导线线芯是否超过规定，最后检查所有导线与接线端子的接触情况。端子上连接的导线不允许有松脱现象。

图 5-39　三相异步电动机
连续运行控制电路

用万用表电阻档检查主电路。断电时人为让接触器主触点闭合，测量主电路每两只熔断器间的电阻值，该值应为电动机绕组电阻，三次测量值应该基本相等。

用万用表电阻档检查控制电路。取控制电路的两只熔断器为测量点，先检查有无短路。然后按下起动按钮，万用表指示的电阻值应为接触器电磁线圈的直流电阻。

5）通电试车：合上断路器 QF，按下 SB_2，电动机转动。

按下 SB_1，电动机停转。

若调试过程出现故障，记录出现的故障现象，分析故障原因并说明排除方法。

习 题 五

5-1　简述三相异步电动机的工作原理。

5-2　一台三相异步电动机的额定电压为 220V，频率为 60Hz，转速为 1140r/min，求电动机的极数和转差率。

5-3　有一台 4 极三相异步电动机，已知额定功率 $P_N = 3kW$，额定转差率 $s_N = 0.02$，过

载系数 $\lambda_m = 2.5$，电源频率 $f = 50\text{Hz}$。求该电动机的额定转矩和最大转矩。

5-4　三相异步电动机有哪些起动方法？各有什么优缺点？

5-5　笼型异步电动机可采用哪些方法调速？绕线转子异步电动机又可采用哪些方法调速？

5-6　热继电器的热元件和电动机回路在电路中如何连接？是否可以将其触点与三相电动机的某一相串联？这样做会产生什么后果？

5-7　热继电器会不会因电动机起动电流大而动作？为什么热继电器在电动机过载时会动作？电动机主电路中已装有熔断器，为什么还要装热继电器？

5-8　画出下列电器部件的图形符号并写出它们的文字符号：热继电器、组合开关、接触器、限位开关、速度继电器。

5-9　在电动机控制电路中，怎样实现自锁控制和互锁控制？这些控制起什么作用？

5-10　在电动机正反转控制电路中，采用了接触器互锁，在运行中发现：合上电源开关，按下正转（或反转）按钮，正转（或反转）接触器就不停地吸合与释放，电路无法工作；当松开按钮时，接触器不再吸合。试分析故障原因。

5-11　图 5-40 为时间继电器控制的单向反接制动控制电路，试分析其工作原理。

图 5-40　习题 5-11 图

第6章
二极管及直流稳压电源

学习目标 ◀◀

◇ 掌握 PN 结的单向导电性。

◇ 掌握二极管的特性及检测方法。

◇ 掌握单相桥式整流电路的组成和工作原理。

◇ 掌握电容滤波电路的组成和工作原理。

◇ 了解稳压电路的工作原理。

内容引入 ◀◀

半导体经过近百年的发展，已经发展到了第三代半导体晶圆材料。各种半导体材料形成互补关系，硅（Si）适用于数字逻辑芯片、存储芯片等，氮化镓（GaN）适用于高频领域，碳化硅（SiC）适用于高压领域。由江风益院士团队研发的硅基 GaN LED 技术，已经打破了日本垄断的蓝宝石衬底技术和美国垄断的 SiC 衬底技术。这是我国自主研发的第三条技术路线，拥有完整的知识产权保护，自成体系，从而助力中国制造走向中国创造。图 6-1 是硅基 LED 技术应用场景，其中的发光二极管（LED）是该电路基本组成部分，本章我们来学习这方面的知识。

图 6-1　硅基 LED 技术应用场景

二极管

6.1　PN 结及二极管

6.1.1　PN 结

1. 半导体基础知识

导电能力介于导体与绝缘体之间的物质称为半导体，常用的半导体材料有硅（Si）和锗（Ge）。半导体的导电能力受以下几种因素影响：

1）半导体的导电能力受环境温度影响很大。例如，纯锗温度每升高 10℃，它的电阻率就会减少到原来的一半左右。利用这种特性就可以做成各种热电器件。

2）许多半导体受到光照射后，电阻率会下降。例如，硫化镉在没有光照时，电阻高达几十兆欧，而受到阳光照射时，电阻可降到几十千欧。利用这种特性可制成各种光电器件。

3）在纯净的半导体中掺入微量的某种杂质后，它的导电能力就可增加几十万甚至几百万倍。例如，在纯净硅中掺入百万分之一的硼后，其导电能力增加近百万倍。

纯净的、几乎不含任何杂质的半导体称为本征半导体。本征半导体虽然纯净，但导电能力比较差。如果在本征半导体中掺入微量的某种杂质元素，其导电性能就会得到很大的改善，这种掺入杂质的半导体称为杂质半导体。

随着掺入的杂质元素不同、浓度不同，半导体的导电特性也会产生相应的变化，这样就可以通过改变杂质元素及浓度的大小来控制半导体的导电性能。在本征半导体中掺入微量的 5 价元素（如磷），称为 N 型半导体。在本征半导体中掺入微量的 3 价元素（如硼），称为 P 型半导体。

图 6-2 PN 结示意图

2. PN 结的单向导电性

PN 结是构成各种半导体器件的基础。采用特定的制造工艺，将半导体的 P 区和 N 区结合在一起，它们的交界面就形成一个很薄的空间电荷区，称之为 PN 结，如图 6-2 所示。PN 结具有单向导电性。当 PN 结上加正向电压时（即 P 端电位高于 N 端电位）称为正向偏置。这时，PN 结变窄，结电阻很小，正向电流较大，PN 结处于导通状态，如图 6-3a 所示。当加反向电压时（即 N 端电位高于 P 端电位）称为反向偏置。这时，PN 结变宽，结电阻很大，反向电流很小，PN 结处于截止状态，如图 6-3b 所示。

a) 加正向电压时导通　　　　　　b) 加反向电压时截止

图 6-3 PN 结的单向导电性

PN 结处于正向偏置时导通，处于反向偏置时截止，这一特性就称为 PN 结的单向导电性。

6.1.2 二极管

1. 二极管的结构及符号

将 PN 结用外壳封装起来，并从 P 型区和 N 型区各引出端线，就构成了二极管。二极管的内部结构如图 6-4a 所示，由 P 型区引出的电极称为阳极，由 N 型区引出的电极称为阴极。二极管的图形符号如图 6-4b 所示，其中三角箭头表示二极管正向导通时电流的方向，文字符号为 VD。

二极管的类型很多，按材料来分，有硅二极管、锗二极管；按用途来分，有整流二极管、检波二极管、稳压二极管、开关二极管和光电二极管等；按二极管的结构来分，有点接触型二极管、面接触型二极管，常用的二极管实物外形如图 6-5 所示。

a) 结构　　　　　　　　　　b) 符号

图 6-4　二极管的结构示意图和图形符号　　　　图 6-5　常用的二极管实物外形

2. 二极管的伏安特性

二极管最主要的特性就是单向导电性，可以用伏安特性曲线来说明，如图 6-6 所示。二极管的伏安特性曲线分为正向特性和反向特性两部分。

（1）正向特性　在二极管两端加正向电压，当电压由零开始增大时，在电压较小的范围内，正向电流小，二极管呈现很大的电阻，如图中 OA 段，通常将这个范围称为死区，相应的电压叫作死区电压（又称为门槛电压）。硅二极管的死区电压约为 0.5V，锗二极管的死区电压为 0.1～0.2V。

图 6-6　二极管伏安特性曲线

当外加电压超过死区电压后，二极管呈现很小的电阻，正向电流 I 迅速增加，这时二极管处于正向导通状态，如图中 AB 段，称为导通区，此时二极管两端电压降变化很小，该电压值称为正向压降（或管压降），常温下硅二极管为 0.6～0.7V，锗二极管为 0.2～0.3V。有时为了分析方便会忽略二极管正向导通时的压降，即视二极管导通压降为零，这样的二极管称为理想二极管。

（2）反向特性　在二极管两端加反向电压，由于 PN 结的反向电阻很大，所以反向电压在一定范围内变化时，反向电流非常小，且基本不随反向电压的变化而变化，如图中 OC 段，故称这个电流 I_S 为反向饱和电流，此时二极管处于截止状态。

（3）反向击穿特性　在图 6-6 中，当过 C 点后继续增大反向电压时，反向电流在 D 点处突然增大，这种现象称为反向击穿。发生击穿时的电压 U_{BR} 称为反向击穿电压。正常使用二极管时（稳压二极管除外），是不允许出现这种现象的，因为击穿后电流过大将会损坏二极管。各类二极管的反向击穿电压大小不同，通常为几十到几百伏，有时高达数千伏。

3．二极管的主要参数

二极管的参数是合理选择和使用二极管的依据，二极管的主要参数有：

1）最大正向电流 I_{FM}，指二极管长时间使用时，允许通过二极管的最大正向平均电流。当电流超过允许值时，可能使二极管过热而损坏。

2）最大反向工作电压 U_{RM}，指二极管长期运行时能承受的最大反向电压。为保证二极管安全运行，通常最大反向工作电压 U_{RM} 约为击穿电压 U_{BR} 的一半。

3）最大反向电流 I_{RM}，指二极管上加最大反向工作电压时的反向电流值。I_{RM} 越小，二极管的单向导电性越好。

4．二极管的应用

二极管应用十分广泛。二极管在低频电路中主要用于组成整流、限幅、钳位和小电压稳压电路等。

（1）限幅电路 限幅电路是用来限制输入信号电压范围的电路。下面以单向限幅电路为例进行说明。单向限幅电路如图 6-7a 所示，二极管为理想二极管，输入电压和输出电压波形如图 6-7b 所示。

当 $u_i > U_S$ 时，二极管正向导通，理想二极管导通时正向压降为零，$u_o = U_S$，输入电压正半周超出的部分消耗在电阻 R 上；当 $u_i < U_S$ 时，二极管反向截止，U_S 所在支路断开，电路中电流为零，$u_R = 0$，$u_o = u_i$。该电路使输入信号上半周电压幅度被限制在 U_S 值，称为上限幅电路。U_S 为上门限电压，用 U_{IH} 表示，即 $U_{IH} = U_S$。若将图 6-7a 中 U_S、VD 极性均改为反向，可组成下限幅电路，相应有一下门限电压 U_{IL}。

【例 6-1】 如图 6-8a 所示电路中，已知 $U_S = 3V$，$R = 100\Omega$，$u_i = 6\sin\omega t V$，试画出输出电压 u_o 的波形。设二极管 VD 是理想二极管。

a) 电路图 　　　　b) 波形图 　　　　　　　　　a) 电路图 　　　　b) 波形图

图 6-7 单向限幅电路 　　　　　　　　　　　　　图 6-8 例 6-1 图

【解】 由图 6-8a 可知，二极管 VD 的阴极电位为 3V，由于输出端开路，所以当 $u_i > 3V$ 时，VD 正偏导通、管压降为零，输出 $u_o = U_S = 3V$；当 $u_i < 3V$ 时，VD 反偏截止，相当于开路，电阻 R 中无电流，故 $u_o = u_i$，输出波形如图 6-8b 所示。

显然，电路将输出电压的正峰值限制在3V。

（2）钳位电路　钳位电路的作用是将输出电压钳制在一定数值上。在图6-9所示电路中，输入端V_A = 5V，V_B = 0V，二极管VD_1两端的电位差较大而优先导通。它的正向压降为0.7V，则电压U_o =（5 – 0.7）V = 4.3V，此时VD_2反偏截止。在这里，VD_1起钳位作用，把U_o钳制在4.3V；VD_2起隔离作用，将输入端B和输出端隔离开来。

（3）输入保护电路　利用二极管单向导电性，如图6-10所示电路中，两个二极管并联电路中起限幅保护作用，用于限制运算放大器输入电压的峰值，使之不超过二极管的正向导通电压。

（4）稳压电路　多个二极管串联，实现一个较低电压稳压电路（3~4V以下）。利用二极管正向导通时的导通电压恒定，基本不再随输入电压的增大而增大。所以，将多个二极管串联就可以得到多种电压。在图6-11所示电路中，利用两个硅二极管，能提供稳定的1.4V电压输出。这种低压稳压电路常用在互补功率放大电路中做偏置电路。

图6-9　钳位电路　　　　　图6-10　输入保护电路　　　　　图6-11　稳压电路

二极管的识别与检测

二极管常见故障有：

（1）击穿（短路）故障　常表现出正、反向电阻都为0Ω，此时二极管失去了单向导电性。

（2）开路故障　二极管开路故障分电性能和机械两方面故障。二极管出现开路故障后正、反向电阻都为无穷大。

（3）二极管变质故障　这是一种介于短路与开路之间的情形，这种故障现象多在正、反向电阻上有所表现，一般为二极管的正向电阻过大，而反向电阻偏小，失去了单向导电作用，不能继续使用，必须更换。

判别二极管的好坏，可以通过测量二极管正、反向电阻的值来判断。若测得正、反电阻均为无穷大，说明内部断路；若均为零，说明内部短路；若测得正、反向电阻很接近，二极管已经失去单向导电性，这样的二极管质量很差或已损坏。利用数字万用表测量接线图如图6-12所示，其测量步骤为：

1）将红表笔插入"VΩ"孔，黑表笔插入"COM"孔。

2）将转盘旋转至（二极管）档。

3）分别交换红黑表笔位置，如一次显示数值约为0.7V（0.3V），另一次为溢出示符

"OL"的话，则该二极管正常，否则二极管损坏。

4）有数值显示的那次红表笔接的是二极管正极，黑表笔接的是二极管的负极。数值显示 0.7 左右的为硅二极管，数值显示 0.3 左右的为锗二极管。

a) 正向测试　　　　　　　　　　　　　　　　　b) 反向测试

图 6-12　二极管极性的判别

5．特殊二极管

除了普通二极管外，还有一些特殊用途的二极管，如稳压二极管、发光二极管（LED）等，如图 6-13 所示。

a) 稳压二极管　　　　　　　　　　　　　b) 发光二极管(LED)

图 6-13　稳压二极管与发光二极管

（1）稳压二极管　稳压二极管是一种特殊的面接触型二极管。由于它有稳定电压的作用，故称稳压二极管。稳压二极管是利用二极管的反向击穿特性工作的，因为二极管工作在反向击穿区，反向电流变化很大的情况下，反向电压变化很小，因此有很好的稳压作用。

由于硅管的热稳定性比锗管好，因此一般都用硅稳压二极管，如 2CW 型和 2DW 型。稳压二极管的外形及符号如图 6-13a 所示。使用稳压二极管应注意其最大耗散功率、最大工作电流和稳定电压等参数。

（2）发光二极管（LED）　发光二极管是由化合物半导体（如砷化镓、磷化镓）制成的，当它正向导通时会发光，常用作指示灯或者数字显示。发光二极管的发光颜色与二极管制造材料及工艺有关，有红、绿、黄、橙色等。发光二极管的导通电压比普通二极管要高，一般为 1.2 ~ 3V。发光二极管的电路符号如图 6-13b 所示，使用发光二极管应注意其导通电压、工作电流及反向耐压等参数。

注意

二极管使用注意事项如下：

1）加在二极管上的电流、电压、功率以及环境温度等都不应超过所允许的极限值。

2）二极管在容性负载电路中工作时，额定整流电流值应降低20%使用。

3）二极管在三相电路中使用时，所加的交流电压须比相应的单相电路中降低15%。

4）在焊接二极管时应避免过热。

5）二极管的引线弯曲处应大于外壳端面5mm，以免引线折断或外壳破裂。

6）对于功率较大的二极管，需要附加散热器时，应按要求加装并使之良好接触。

7）在安装时，二极管应尽量避免靠近发热元器件。

课堂练一练

1. 图6-14是一个电热毯控温电路。开关在"1"位置是低温档，开关在"2"位置是高温档，试分析其工作原理。

2. 输入电压如图6-15所示，设二极管正向压降和反向电流均可忽略，试画出输出电压波形图。

图6-14 电热毯控温电路

 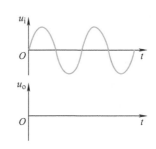

图6-15 题2图

6.2 直流稳压电源

生活、生产与科研中常需要直流电源，例如电子测量仪器、电子计算机、自动控制装置、直流电磁铁等。目前广泛采用的是由交流电源经变压、整流、滤波、稳压四部分组成的直流电源，图6-16是直流稳压电源的组成框图和对应的波形图。

图6-16 直流稳压电源的组成框图和对应的波形图

变压器将220V的工频交流电变换为所需要的交流电压。整流电路将工频交流电转换为脉动直流电。滤波电路将脉动直流电中的交流成分滤除，减少交流成分，保留直流成分，使输出波形变平滑。稳压电路对整流后的直流电压做进一步稳定。

6.2.1 单相整流电路

二极管具有单向导电性，因此可以利用二极管的这一特性组成整流电路。在小功率直流电源中，经常采用单相半波整流、单相全波整流和单相桥式整流电路三种形式。这里只介绍单相桥式整流电路。

单相桥式整流电路的组成如图6-17a所示，电路中采用了四个二极管，互相接成桥式，故称桥式整流电路，电路也可简化成图6-17b的形式。

图6-17c所示为单相桥式整流电路波形图，在u_2的正半周时，$u_2 > 0$，VD_1、VD_4导通，VD_2、VD_3截止，故有图示i_{VD1}（i_{VD4}）的波形；同样，在u_2的负半周时，$u_2 < 0$，VD_1、VD_4截止，VD_2、VD_3导通，故有图示i_{VD2}（i_{VD3}）的波形。

图6-17 单相桥式整流电路

可见，在u的正、负半周均有电流流过负载电阻R_L，且电流方向一致，综合后可得到u_o（i_o）的波形。负载上得到的虽然是单方向且大小也变化的单向脉动电压（或电流），但可以用一个周期内的电压平均值来衡量。

计算可得单相桥式整流电路的输出电压平均值为

$$U_{o(AV)} = 2\frac{\sqrt{2}U_2}{\pi} \approx 0.9U_2 \tag{6-1}$$

流过二极管和负载的平均电流为

$$I_{VD(AV)} \approx \frac{0.9U_2}{R_L} \tag{6-2}$$

二极管承受的反向电压为

$$U_{VDmax} = \sqrt{2}U_2 \tag{6-3}$$

案例应用

低音炮音箱

如图 6-18 所示，日常生活中使用的低音炮音箱，有些采用了专业的桥式整流技术，通过内置的桥式整流电路，使得低频带通电路的信号顺畅与稳定，可以使声音更加纯净。

6.2.2　滤波电路

整流电路输出的直流电压，方向虽然不变，但它的大小是波动的，平滑性很差，在有些设备中还不能直接使用。为了改善电压的波动程度，需在整流电路后加入滤波电路。常见的有电容滤波电路、电感滤波电路和复式滤波电路。下面介绍电容滤波电路。

图 6-19 所示为半波整流电容滤波电路，在负载上并联一个电容器，利用电容器充放电时端电压不能跃变的特性使直流输出电压保持稳定。二极管 VD 起整流作用，与负载并联的电容 C 起滤波作用。

图 6-18　低音炮音箱　　　　　　　　　　图 6-19　半波整流电容滤波电路

未接滤波电容器时，整流二极管在 u_2 的正半周导通，负半周截止，输出电压波形如图 6-20a 所示；并联滤波电容器以后，由于电容两端电压不能跃变，输出波形如图 6-20b 所示。改善滤波电容器的性能可获得直流信号。

a) 未接滤波电容　　　　　　　　　b) 接入滤波电容

图 6-20　滤波前和滤波后的波形图

图 6-19 所示电容滤波电路电容滤波后的输出电压平均值为

$$U_o = U_2 \tag{6-4}$$

 注意

滤波电容容量较大，一般用电解电容。应注意电解电容的正极性端接高电位，负极性端接低电位，如果接反则容易损坏元件。

6.2.3 稳压电路

通过整流滤波电路所获得的直流电压是比较稳定的，但当交流电网电压波动或负载变化时，仍会造成输出的直流电压不稳定。因此，在滤波电路之后，往往需要增加稳压电路。下面介绍几种常用的稳压电路。

1. 稳压二极管稳压电路

由硅稳压二极管组成的并联型稳压电路如图 6-21 所示。由图中可以看出

$$U_i = U_o + I_R R \qquad I_R = I_{VS} + I_o$$

若电网电压或负载 R_L 的变化引起 U_o 略有增大，I_{VS} 随之显著增大，$I_R R$ 同时增加，增加的电压落在 R 上，负载电压 U_o 基本保持不变，达到稳压的目的。

图 6-21 硅稳压二极管并联型稳压电路

2. 集成稳压电路

将稳压电路的调整管、比较放大电路、基准稳压电路、取样电路、启动和保护电路等部分全部做在一块芯片上，就是集成稳压电路。集成稳压电路的类型很多，以小功率的三端式串联型稳压电路的应用最为普遍。

（1）三端固定式集成稳压器 常用的三端固定式集成稳压器有 $78 \times \times$ 和 $79 \times \times$ 两种系列，其实物图如图 6-22a 所示。W78 $\times \times$ 系列输出为正电压值，W79 $\times \times$ 系列输出为负电压值，型号中最后两位数表示输出电压值，其输出电压等级有 5/6/9/12/15/18/24V，如 W7805、W7905，前者输出为"5V"，后者为"−5V"。图 6-22b 为 78 $\times \times$ 系列稳压器引脚示意图。

a) 实物图   b) 引脚示意图

图 6-22 三端固定式集成稳压器实物与引脚示意图

图 6-23 为 7805 三端固定式集成稳压器的基本应用电路。其中，1 端为输入端；2 端为公共端；3 端为输出端。

（2）三端可调输出稳压器　常用的三端可调输出稳压器有 W117/217/317 和 W137/237/337 等，前者输出为正，后者输出为负，其引脚示意图如图6-24所示。三端可调输出稳压器 W317 的输出电压范围为 1.2 ~ 37V 连续可调，其基本应用电路如图6-25 所示。

图 6-23　7805 三端固定式集成稳压器的基本应用电路

图 6-24　三端可调输出稳压器引脚示意图

图 6-25　三端可调输出稳压器的基本应用电路

知识链接

集成稳压器

除了三端固定式集成稳压器和三端可调式集成稳压器，还有多端可调式及单片开关式集成稳压器。多端可调式集成稳压器是早期集成稳压器产品，其输出功率小，引出端多，使用不太方便，但精度高，价格便宜，如 CW3085、CW1511。

单片开关式集成稳压器是最近几年发展的一种稳压器，其效率特别高。它的工作原理与上面三类稳压器不同，是由直流变交流（高频）再变直流的变换器，通常有脉冲宽度调制和脉冲频率调制两种，输出电压是可调的。它们以 AN5900、TLJ494、HA17524 等为代表，目前广泛应用在计算机、电视机和测量仪器等设备中。

集成稳压器使用注意事项如下：

1）集成稳压器品种很多，从调整方式上有线性的和开关式的；从输出方式上有固定和可调式的。因三端稳压器优点比较明显，使用操作都比较方便，选用时应优先考虑。

2）在接入电路之前，一定要分清引脚及其作用，避免接错时损坏集成块。输出电压大于6V 的三端集成稳压器的输入/输出端需接保护二极管，可防止输入电压突然降低时，输出电容迅速放电引起三端集成稳压器的损坏。

3）为确保输出电压的稳定性，应保证最小输入输出电压差。如三端集成稳压器的最小电压差约2V，一般使用时电压差应保持在3V 以上。同时又要注意最大输入输出电压差范围不超出规定范围。

4）为了扩大输出电流，三端集成稳压器允许并联使用。

5）使用时，集成稳压器要焊接牢固可靠。对要求加散热装置的，必须加装符合要求尺寸的散热装置。

课堂练一练

1. 交流电通过整流电路后，所得到的输出电压是（　　）。

A. 交流电压　　　　B. 稳定的直流电压　　　C. 脉动的直流电压

2. 滤波的主要目的是（　　）。

A. 将交流变直流　　B. 将高频变低频　　　　C. 将交、直流混合量中的交流成分去掉

技能训练五　三端直流稳压电源电路仿真与装调

1. 任务描述

利用三端稳压器设计一个直流电压源，要求输出两路电压，一路为 5V，另一路为 −5V。

2. 仿真电路原理图设计

将交流 220V 电压通过变压、整流、滤波后通过 W7805 进行稳压，得到 5V 电压。利用 Proteus 8 仿真软件绘制如图 6-26 所示电路图。

图 6-26　三端直流稳压电源电路

3. 仿真数据记录

在仿真电路图中，改变 RP_1 阻值，记录输出电压 U_{o1}、U_{o2} 在表 6-1 中。

表 6-1　实验数据

	1	2	3	4	5
RP_1/Ω					
U_{o1}/V					
U_{o2}/V					

4. 电路装配

（1）元器件准备　参考电路配套元器件清单见表6-2。

表6-2　三端直流稳压电源电路元器件清单

器件编号	名称	型号/规格	数量
U_1、U_2	三端稳压器	7805	2
$C_1 \sim C_4$	电解电容	150μF	4
T_1	变压器	TRAN－2P2S	1
BR_1	整流器	2W005G	1
R_2	电阻	100kΩ	1
RP_1	可调电位器	100kΩ	1

（2）元器件好坏检测　用万用表对各元器件进行检查，对质量不符合要求的元器件应给予剔除并更换。

（3）元器件焊接　在万用板上，合理布局元器件，并焊接。

5. 电路调试与功能测试

用万用表测量不同阻值时的输出电压 U_{o1}、U_{o2}，分析不同阻值时 U_{o1} 的变化规律，分析 U_{o1} 和 U_{o2} 的关系。

习 题 六

6-1　填空题

1）杂质半导体分为_____型半导体和_____型半导体两大类。

2）PN 结具有_____性，_____偏置时导通；_____偏置时截止。

3）稳压二极管的稳压区是其工作在_____状态。

4）硅二极管的导通压降约为_____，锗二极管的导通压降约为_____。

5）要获得9V 的固定稳定电压，集成稳压器的型号应选用_____；要获得 –6V 的固定稳定电压，集成稳压器的型号应选用_____。

6）如图 6-27 所示是_____材料的二极管的_____曲线，在正向电压超过_____ V 后，二极管开始导通，这个电压称为_____电压。正常导通后，此管的正向压降约为_____ V，当反向电压增大到_____ V 时，即称为_____电压。稳压二极管一般工作在_____区。

图6-27　某种二极管的特性曲线

6-2　简答题

1）有 A、B、C 三个二极管，测得它们的反向电流分别是 2mA、0.5mA、5mA；在外加相同的正向电压时，电流分别为 10mA、30mA、15mA。比较而言，哪个管子的性能最好，为什么？

2）二极管导通时，电流是从哪个电极流入？从哪个电极流出？

3）什么叫整流？桥式整流电路有什么特点？

4）什么叫滤波？常见的滤波电路有几种形式？

6-3 在图 6-28 所示电路中，如电源电压为 3V，输入电压 U_i 分别为 6V、0V、-6V，求各电路的输出电压 U_o。

图 6-28 习题 6-3 图

6-4 图 6-29 所示稳压二极管稳压电路中，稳压二极管的稳定电压 $U_{VS} = 6V$，最小稳定电流 $I_{min} = 5mA$，最大功耗 $P_M = 125mW$。限流电阻 $R = 1k\Omega$，负载电阻 $R_L = 500\Omega$。

1）分别计算输入电压 U_i 为 12V、35V 两种情况下输出电压 U_o 的值。

2）若输入电压 $U_i = 35V$ 时负载开路，则会出现什么现象？为什么？

图 6-29 习题 6-4 图

6-5 某同学欲进行直流稳压电源的组装和调试，部分实物接线如图 6-30 所示。

图 6-30 习题 6-5 图

1）将稳压电源接线补画完整。

2）电压 U_{ab} 为多少？

3）电容 C_1、C_2 的作用分别是什么？

4）在电路连接完整正确的情况下，用数字万用表测量负载 R_L 两端的电压，应将万用表转换开关置于哪个档？红、黑表笔与电路如何连接？读数应为多少？

第7章
晶体管及放大电路

晶体管是收音机、扩音机（见图7-1）、电视机等各种电子设备中最重要的器件，它的出现使电子技术发生了飞跃，为后来集成电路的快速发展奠定了基础。目前，集成电路已被广泛运用于工农业生产、国防建设和人们的日常生活中。

图7-1 收音机和扩音机

7.1 晶体管

7.1.1 晶体管的结构及符号

晶体管的本质是在本征半导体中掺入不同杂质制成两个背靠背的 PN 结。根据 PN 结的组成方式不同，晶体管分为 NPN 型和 PNP 型，其外形如图 7-2 所示，结构及符号如图 7-3 所示。在电路中晶体管的文字符号用 VT 表示。

图7-2 晶体管外形

由图7-3可见，无论是 NPN 型还是 PNP 型的晶体管，它们都具有三个区：发射区、基区和集电区，并相应地引出三个电极：发射极（E）、基极（B）和集电极（C），发射区和基区之间的 PN 结称为发射结，集电区和基区之间的 PN 结称为集电结。**晶体管符号中的箭头表示管内电流的方向。**

a) NPN型　　　　　　　　　　　　　b) PNP型

图7-3　晶体管结构示意图及符号

晶体管的识别与检测

晶体管的识别与检测原理还是利用 PN 结的单向导电性。测量步骤如下：

（1）利用假设法判断基极 B　将数字万用表转换开关旋转至二极管档位，将红表笔插入 VΩ 孔，黑表笔插入 COM 孔。假设某一管脚为基极 B，红表笔与假设的基极 B 相连，黑表笔分别与剩余两管脚相连，如图7-4所示，如果两次万用表都显示值为 0.7V（0.3V）左右，或者都显示溢出符号"OL"，则可判定假设的基极是正确的；若不符合，则需换一个管脚假设为基极 B，重复以上测试，直到判别基极 B 为止。

两次测量结果显示为 0.7V（0.3V）左右的晶体管是 NPN 型管，两次测量结果显示溢出符号"OL"的是 PNP 型管。

图7-4　晶体管管脚判别

（2）集电极 C 和发射极 E 的判别　在判定管型和基极 B 的基础上，判别另外两个管脚。

如果待测晶体管是 NPN 型，则红表笔与基极 B 相连，黑表笔分别与剩余两管脚相连，两次测得的极间电压中，电压高的那一极为发射极 E，电压低一些的那极为集电极 C。

如果待测晶体管是 PNP 管，则令黑表笔接基极 B 相连，红表笔分别与剩余两管脚相连，同样所得电压高的为发射极 E，电压低一些的为集电极 C。

（3）晶体管质量的判断　在测试过程中，如果测得发射结或集电结正反向电阻均很小或均趋向无穷大，则说明此结短路或断路了；若测得集电极、发射极间电阻不能达到几百千欧，说明此管性能不良。

7.1.2　晶体管的电流放大作用

晶体管是放大电路的核心器件，在模拟电路中经常用来放大信号。NPN 型管和 PNP 型管的放大原理相同，下面以 NPN 型管为例，说明它的放大作用。

如图 7-5 所示，各极电流之间的分配关系符合 KCL（若将晶体管看成一个节点，流入晶体管的电流之和等于流出晶体管的电流之和）。在 NPN 型晶体管中，I_B、I_C 流入，I_E 流出；在 PNP 管中，则是 I_E 流入，I_B、I_C 流出，因此有

$$I_E = I_B + I_C$$

图 7-5　晶体管电流放大电路

如果基极电压 U_B 有微小变化，基极电流 I_B 也会随之有微小的变化，集电极电流 I_C 会有较大的变化。基极电流 I_B 越大，集电极电流 I_C 也越大，即基极电流 I_B 的微小变化使得集电极电流 I_C 发生较大变化，这就是晶体管的电流放大作用。I_C 的变化量与 I_B 的变化量之比称为晶体管的电流放大倍数，用 β 表示，即

$$\beta = \Delta I_C / \Delta I_B \approx I_C / I_B \tag{7-1}$$

β 表征晶体管的电流放大能力，当一个晶体管制造出来后，其电流放大倍数也就确定了，一般在 20 ~ 200 之间。

小提示

在小信号放大电路中，$\Delta I_C / \Delta I_B$ 与 I_C / I_B 值差别很小，在估算放大电路时常将两者等同。值得注意的是，被放大的集电极电流 I_C 是电源 V_{CC} 提供的，并不是晶体管自身生成了能量，它实际体现了用小信号控制大信号的一种能量控制作用。

7.1.3　晶体管的特性曲线

晶体管的特性曲线用来表示各极电压和电流之间的关系曲线，反映了晶体管的性能，是分析放大电路的重要依据。晶体管的共发射极接法应用最广，下面以 NPN 型管共发射极接法为例来分析晶体管的特性曲线。

1. 输入特性曲线

输入特性曲线是当集电极-发射极电压 U_{CE} 为常数时，输入回路中基极电流 I_B 与基极-发射极电压 U_{BE} 之间的关系曲线，即 $I_B = f(U_{BE})$，与二极管的正向特性类似，如图 6-6 中第

一象限所示。

2. 输出特性曲线

输出特性曲线是当基极电流 I_B 为常数时，输出电路中集电极电流 I_C 与集电极-发射极电压 U_{CE} 之间的关系曲线，即 $I_C = f(U_{CE})$。当 I_B 不同时可得到不同的曲线。所以晶体管的输出特性曲线是一组曲线，如图7-6所示。通常将晶体管的输出特性曲线分成三个区域。

（1）放大区 输出特性曲线近于水平的部分是放大区。在该区域内，$I_C = \beta I_B$，体现了晶体管的电流放大作用。晶体管工作在放大区，发射结处于正向偏置，集电结处于反向偏置。

（2）截止区 $I_B = 0$ 曲线以下部分称为截止区，发射结零偏或反向偏置，集电结反向偏置，此时晶体管不导通，$I_C \approx 0$，输出特性曲线是一条几乎与横轴重合的直线。

（3）饱和区 图7-6中位于左偏上部分区域称为饱和区，在该区域内，I_C 与 I_B 不成比例，β 值不适用于该区，晶体管工作在饱和导通状态。晶体管工作在饱和区时发射结和集电结都处于正向偏置。饱和时的 U_{CE} 称为饱和压降，用 U_{CES} 表示。饱和导通时的集电极-发射极电压 U_{CES} 很小，通常小于 0.5V。

图7-6 晶体管输出特性曲线

晶体管在放大电路中应工作在放大区，而开关电路中则工作在截止区和饱和区。对于 NPN 型晶体管，工作于截止区时，$V_C > V_E > V_B$；工作于放大区时，$V_C > V_B > V_E$；工作于饱和区时，$V_B > V_C > V_E$。

7.1.4 晶体管的主要参数

晶体管的性能除了用输入和输出特性曲线表示外，还可用一些参数来表示它的性能和使用范围。常用的主要参数包括如下几个。

1. 共发射极电流放大系数 β

当晶体管接成共发射极电路时，集电极电流的增量与基极电流增量之比称为共发射极电流放大系数 β，即

$$\beta = \Delta I_C / \Delta I_B$$

2. 集电极最大允许电流 I_{CM}

集电极最大允许电流 I_{CM} 表示当晶体管的 β 值下降到其额定值 2/3 时所允许的最大集电极电流。当集电极电流超过该参数时，并不一定损坏管子，但 β 值下降太多可能使放大电路不能正常工作，一般小功率管的 I_{CM} 为几十毫安，大功率管可达几安。

3. 集电极-发射极反向击穿电压 $U_{BR,CEO}$

当基极开路时，集电极、发射极之间的最大允许反向电压称为集电极-发射极反向击穿

电压。一旦集电极-发射极电压 U_{CE} 超过该值时，晶体管可能被击穿。

4. 集电极最大允许耗散功率 P_{CM}

晶体管工作时，由于集电结承受较高的反向电压并通过较大的电流，故将消耗功率而发热，使结温升高。P_{CM} 是指在允许结温（硅管约为150℃，锗管约为70℃）下，集电极允许消耗的最大功率，称为集电极最大允许耗散功率。

【例 7-1】 已知晶体管各极电位如图 7-7 所示，试判断晶体管是硅管还是锗管，分别处于何种工作状态（饱和、放大或截止）？

图7-7 例7-1图

【解】 图 7-7a 为 NPN 型管，$U_{BE} = 0.1V - (-0.2)V = 0.3V$，故为锗管。因 $V_C > V_B > V_E$，即发射结正偏，集电结反偏，故该晶体管工作在放大状态。

图 7-7b 为 PNP 型管，$U_{BE} = (0.3-1)V = -0.7V$，故为硅管。因 $V_C < V_B < V_E$，即发射结正偏，集电结反偏，故该晶体管工作在放大状态。

图 7-7c 为 NPN 型管，$U_{BE} = -2.7V - (-2)V = -0.7V$，故为硅管。因 $V_B < V_E < V_C$ 即发射结反偏，集电结反偏，故该晶体管工作在截止状态。

 小提示

判断硅管和锗管主要看发射结导通压降的大小。若 $|U_{BE}| \le 0.7V$ 左右，则为硅管；$|U_{BE}| \le 0.3V$ 左右，则为锗管。判断晶体管的状态，主要看发射结和集电结的偏置状态。

课堂练一练

1. 晶体管的三个电极的电流是什么关系？

2. 晶体管的发射极与集电极是否可调换使用？为什么？

3. 晶体管分别工作在放大区、饱和区、截止区时，它的三个电极的电位有何不同？NPN 型管和 PNP 型管有何区别？

4. 在一放大电路中，测得某晶体管三个电极的对地电位分别为 $-6V$、$-3V$、$-3.2V$，试判断该晶体管是 NPN 型还是 PNP 型，以及是锗管还是硅管，并确定三个电极各是什么。

7.2 共发射极基本放大电路

由晶体管组成的基本放大电路是电子设备中应用最为广泛的基本单元电路。根据放大电路工作组态的不同，晶体管放大电路可分为共发射极、共集电极和共基极放大电路，如图7-8所示，其中共发射极放大电路应用最为广泛，共发射极放大电路是以发射极为输入回路和输出回路的公共端。无论哪种方式，要使晶体管有放大作用，都必须保证发射结正偏，集电结反偏。下面以共发射极放大电路为例，讨论放大电路的电路结构、工作原理及分析方法。

a) 共发射极放大电路　　　　b) 共集电极放大电路　　　　c) 共基极放大电路

图 7-8　晶体管放大电路的三种组态

7.2.1　放大电路的组成和工作原理

1. 放大电路的组成

图 7-9 所示是共发射极基本放大电路，输入端接交流信号源，输入电压为 u_i，输出端接负载电阻 R_L，输出电压为 u_o。电路中各元器件的作用如下：

（1）晶体管 VT　它是放大电路的核心，起电流放大作用。

（2）直流电源 V_{CC}　它一方面与 R_B、R_C 配合，保证晶体管的发射结正偏、集电结反偏，即保证晶体管工作在放大状态；另一方面 V_{CC} 也是放大电路的能量来源。V_{CC} 一般在几伏到十几伏之间。

（3）基极偏置电阻 R_B　它与电源 V_{CC} 配合决定了基极电流 I_B 的大小。R_B 的值一般为几十欧至几百千欧。

（4）集电极负载电阻 R_C　将集电极电流的变化量转换为电压的变化量，反映到输出端，从而实现电压放大。R_C 的值一般为几千欧至几十千欧。

（5）耦合电容 C_1 和 C_2　它们的作用是"隔直流通交流"。隔离信号源与放大电路之间、放大电流与负载之间的直流信号，使交流信号能顺利通过。注意，此电容为有极性的电解电容，连接时要注意极性，一般是几微法至几十微法。

2. 放大电路的工作原理

放大电路的功能是将微小的输入信号放大成较大的输出信号。

图 7-9 所示的电路中，在放大电路的输入端加上交流信号 u_i，经电容 C_1 传送到晶体管的基极，则基极与发射极之间的电压 u_{BE} 也将随之发生变化，产生变化量 Δu_{BE}，从而产生变化的基极电流 Δi_B，因晶体管处于放大状态，进而产生一个更大的变化量 Δi_C（$\beta \Delta i_B$），这个集电极电流的变化量流过集电极负载电阻 R_C 和负载电阻 R_L 时，将引起集电极与发射极之间的电压 u_{CE} 也发生相应的变化。可见，微小输入电压的变化量 Δu_i 加在输入端，在输出端将获得一个比较大的变化量 Δu_{CE}，从而实现交流

图 7-9　共发射极基本放大电路

电压信号的放大。

小提示

为便于分析，本书对各类电流、电压的符号做了统一的规定，在使用时要注意区分各符号的含义。即小写字母小写下标（如 u_{be}、i_b、i_c）为交流量，大写字母大写下标（如 U_{BE}、I_B、I_C）为直流量，小写字母大写下标（如 u_{BE}、i_B、i_C）为总的瞬时量（直流＋交流），大写字母小写下标（如 U_{be}、I_b、I_c）为有效值。

7.2.2　放大电路的分析

对放大电路的分析包括静态分析和动态分析。静态分析的对象是直流量，用来确定放大电路的静态工作点；动态分析的对象是交流量，用来求得放大电路的性能指标。

1.　放大电路的静态分析

放大电路的静态分析是指放大电路没有信号输入（$u_i = 0$）时的工作状态。静态分析时要确定放大电路的静态值 I_{BQ}、I_{CQ}、U_{BEQ} 和 U_{CEQ}，称为静态工作点 Q。

静态值既然是直流，就可以直接从放大电路的直流通路（直流电流流通的路径）求得。对于如图 7-9 所示的电路图，由于电容 C_1、C_2 具有隔直流通交流的作用，可视为开路，因而直流通路如图 7-10 所示。

首先，估算基极电流 I_{BQ}，再估算 I_{CQ} 和 U_{CEQ}，即

$$I_{BQ} = \frac{V_{CC} - U_{BEQ}}{R_B} \tag{7-2}$$

U_{BEQ} 的估算值，对于硅管取 0.7V；对于锗管取 0.3V。一般 $V_{CC} \gg U_{BEQ}$，故式（7-2）可近似为

$$I_{BQ} \approx \frac{V_{CC}}{R_B} \tag{7-3}$$

$$I_{CQ} \approx \beta I_{BQ} \tag{7-4}$$

$$U_{CEQ} = V_{CC} - I_{CQ} R_C \tag{7-5}$$

至此，根据式（7-2）～式（7-5）就可以估算出放大电路的静态工作点。使用式（7-2）的条件是晶体管工作在放大区。如果算得 U_{CEQ} 值小于 1V，则说明晶体管已处于或接近饱和状态，I_{CQ} 将不再与 I_{BQ} 成 β 倍线性比例关系。

【例 7-2】　试求图 7-11a 所示放大电路的静态工作点，已知该电路中的晶体管 $\beta = 37.5$，$V_{CC} = 12V$。

【解】　首先画出图 7-11a 电路的直流通路，如图 7-11b 所示，由直流通路可知

$$I_B \approx \frac{V_{CC}}{R_B} = \frac{12}{300} mA = 0.04 mA = 40 \mu A$$

$$I_C = \beta I_B = 37.5 \times 0.04 mA = 1.5 mA$$

$$U_{CE} = V_{CC} - I_C R_C = 12V - 1.5 \times 4V = 6V$$

2.　放大电路的动态分析

动态是指放大电路输入端有交流信号时的工作状态。此时放大

图 7-10　基本放大
电路直流通路

电路在直流电压和交流输入信号共同作用下工作。动态分析是在静态值确定后分析信号的传输情况，主要是确定放大电路的电压放大倍数 A_u、输入电阻 R_i 和输出电阻 R_o 等。微变等效法是动态分析的基本方法，它的分析步骤如下：

（1）画出交流通路　交流通路是在 u_i 单独作用下的电路，由于电容 C_1、C_2 具有隔直流通交流的作用，可视为短路，直流电源 V_{CC} 不作用，即将其对地短接，得到交流通路如图 7-12 所示。

图 7-11　例 7-2 图　　　　　　　　　　　　　　图 7-12　基本放大电路交流通路

（2）画出微变等效电路　由于晶体管工作在放大状态，Δi_B 与 Δu_{BE} 可近似看作线性关系。这时，晶体管输入端可以等效为一个电阻 r_{be}，晶体管输出端可以等效为一个受控源。晶体管的小信号等效模型如图 7-13 所示，在小信号工作条件下，r_{be} 是一个常数，低频小功率管的 r_{be}，可以根据经验用式(7-6) 来估算，即

$$r_{be} = 300\Omega + (1 + \beta)\, \frac{26\text{mV}}{I_{EQ}} \tag{7-6}$$

式中，r_{be} 是动态电阻，只能用于计算交流量，r_{be} 一般为几百欧到几千欧。

将其交流通路（见图 7-12）中的晶体管 VT 用小信号模型代替，得到放大电路的微变等效电路，如图 7-14 所示。

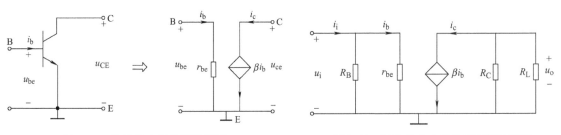

图 7-13　晶体管小信号等效模型　　　　　　　图 7-14　基本放大电路的微变等效电路

（3）放大电路性能指标的计算

1）电压放大倍数 A_u。放大电路输出电压与输入电压之比，称为电压放大倍数，用 A_u 表示，即

$$A_u = \frac{u_o}{u_i} = \frac{-i_c\,(R_C /\!/ R_L)}{i_b r_{be}} = \frac{-\beta\,(R_C /\!/ R_L)}{r_{be}} = \frac{-\beta R'_L}{r_{be}} \tag{7-7}$$

式中，负号表示 u_o 与 u_i 相位相反，$R'_L = R_C /\!/ R_L$。

2）输入电阻 R_i。输入电阻就是从放大电路输入端看进去的等效电阻，用 R_i 表示，图 7-14 所示放大电路的输入电阻 R_i 在数值上等于输入电压 u_i 与输入电流 i_i 之比，即

$$R_i = \frac{u_i}{i_i} = R_B /\!/ r_{be} \approx r_{be} \qquad (7\text{-}8)$$

3）输出电阻 R_o。输出电阻就是从输出端（不包括负载 R_L）看进去的交流等效电阻，用 R_o 表示。放大电路对负载而言，相当于一个信号源，从图 7-14 所示放大电路可以得到

$$R_o = R_C \qquad (7\text{-}9)$$

对于电压放大电路而言，人们通常希望输出电阻 R_o 小些，使放大电路的带载能力较强，这样当负载变化时，输出电压的变化较小。

 小提示

输入电阻和输出电阻的概念是对静态工作点上的交流信号而言的，因此它们属于交流电阻，所以不能用它们来计算放大电路的静态工作点。

【例 7-3】 如图 7-15 所示放大电路，已知 $V_{CC} = 12V$，$R_B = 300k\Omega$，$R_C = 3k\Omega$，$R_L = 3k\Omega$，$\beta = 50$。试求：（1）静态工作点 I_B、I_C、U_{CE}；（2）电压放大倍数；（3）输入电阻；（4）输出电阻。

【解】 （1）首先画出图 7-15 电路的直流通路，如图 7-16a 所示，由直流通路可知

$$I_B \approx \frac{V_{CC}}{R_B} = \frac{12}{300}\text{mA} = 0.04\text{mA}$$

$$I_C = \beta I_B = 50 \times 0.04\text{mA} = 2\text{mA}$$

$$U_{CE} = V_{CC} - I_C R_C = 12V - 2 \times 3V = 6V$$

图 7-15 例 7-3 图

a）直流通路   b）交流微变等效电路

图 7-16 图 7-15 的直流通路和等效电路图

（2）画出微变等效电路，如图 7-16b 所示。

$$r_{be} = 300\Omega + (1+\beta)\frac{26\text{mA}}{I_E}$$

$$= 300\Omega + (1+50) \times \frac{26}{2.04}\Omega = 950\Omega$$

由式（7-7）可得

$$A_u = \frac{-\beta(R_C /\!/ R_L)}{r_{be}} = -50 \times \frac{1.5}{0.95} \approx -79$$

（3）输入电阻为

$$R_i = \frac{u_i}{i_i} = R_B /\!/ r_{be} \approx r_{be} = 950\Omega$$

（4）输出电阻为

$$R_o = R_C = 3k\Omega$$

知识拓展

静态工作点与波形失真

放大电路静态工作点的合理设置对保证放大电路合适的工作状态非常重要，工作点过高或过低都容易导致输出波形失真。放大电路的失真体现在输出信号波形和输入信号波形不一致。

（1）截止失真　由于静态工作点过低而使晶体管进入截止区工作所产生的非线性失真称为截止失真，如图 7-17 所示。截止失真的特征是输出波形的正半周被削去一部分，可以通过增大静态工作点的数值（如减少 R_B）来减小或消除这种失真。

（2）最佳工作点　在线性状态下，给晶体管输入正弦信号，则输出的也是正弦信号，此时输出信号的幅度比输入信号要大，

图 7-17　截止失真

如图 7-18 所示。任何情况下不失真的最大输出称为放大电路的动态范围。显然在最佳工作点时，电路的动态范围最大。在保证输出信号不失真的前提下，降低电路的静态工作点，有利于减少放大电路的损耗。

（3）饱和失真　晶体管在放大工作状态的基础上，如果基极电流进一步增大许多，晶体管将进入饱和状态，使输出波形产生失真，如图 7-19 所示。这时的晶体管电流放大倍数 β 要下降许多，饱和得越深，β 值越小，电流放大倍数一直能小到小于 1 的程度，这时晶体管没有放大能力。它与截止区信号失真不同的是，加在晶体管基极信号的正半周进入饱和区，在集电极输出信号中是负半周被削掉。可以通过降低静态工作点的数值（如增大 R_B）来减小或消除这种失真。

图 7-18　最佳工作点　　　　图 7-19　饱和失真

课堂练一练

1. 晶体管电压放大电路设置静态工作点的目的是（　　）。

A. 减小静态损耗　B. 使放大电路不失真地放大　C. 增加放大电路的电流放大倍数

2. 放大电路的输入、输出电阻是（　　）参数，（　　）用来计算静态工作点。

A. 直流　B. 交流　C. 可以　D. 不可以

3. 画放大电路的直流通路时，电路中的电容应_____。

4. 画放大电路的交流通路时，电路中的电容应_____。

7.3　多级放大电路

7.3.1　多级放大电路的组成

大多数电子电路的放大系统，需要将微弱的毫伏或微伏级信号放大为足够大的输出电压和电流信号去驱动负载工作。单级放大电路的放大倍数仅几十倍到一百多倍，输出的电压和功率不大，因此需要采用多级放大器，以满足放大倍数和其他性能方面的要求。

图 7-20 为多级放大电路的组成框图，其中的输入级有输入阻抗匹配兼电压放大的作用。中间级主要用于电压放大，可将微弱的输入电压放大到足够的幅度。后面的末前级和输出级多用于功率放大和阻抗匹配，以输出负载所需要的功率并获得尽量高的效率。

图 7-20　多级放大电路的组成框图

7.3.2　级间耦合形式及其特点

多级放大电路级与级之间的耦合是指前一级放大电路的输出信号加到后一级放大电路的输入端所采用的连接方式。目前在线性放大电路中，用得较多的耦合方式有阻容耦合、变压器耦合、直接耦合三种形式，如图 7-21 所示。

a) 阻容耦合　　　　　　　　b) 变压器耦合　　　　　　　c) 直接耦合

图 7-21　多级放大电路的耦合方式

1. 阻容耦合

阻容耦合是指前、后级通过耦合电容 C 联系起来的耦合方式。这种耦合方式的特点是前、后级的静态工作点各自独立，但不能用于直流或缓慢变化信号的放大。

2. 变压器耦合

变压器耦合是指级与级之间采用变压器传递交流信号的耦合方式。各级静态工作点也各自独立。这种耦合方式的特点是变压器具有阻抗变换作用，负载阻抗可实现合理配合；缺点是体积大、笨重、频率特性差，且不易传递直流信号，常用于选频放大或功率放大电路。

3. 直接耦合

直接耦合是指前级的输出端直接与后级的输入端相连的耦合方式。这种耦合方式的特点是频率特性好；但各级静态工作点不独立，相互影响。它适用于直流信号或变化缓慢信号的放大。直接耦合在集成放大器电路中获得了广泛应用。

7.3.3　多级放大电路性能参数估算

单级放大器的某些性能指标可作为分析多级放大器的依据。多级放大器的主要性能参数采用以下方法估算。

1. 电压放大倍数

由于前级的输出电压就是后级的输入电压，因此，多级放大器的电压放大倍数等于各级放大倍数之积，对于 n 级放大电路，有

$$A_u = A_{u1}A_{u2}\cdots A_{un} \tag{7-10}$$

在计算末级以外各级的电压放大倍数时，应将后级的输入电阻看成前级的负载。

2. 输入电阻

多级放大器的输入电阻 R_i 就是第一级的输入电阻 R_{i1}，即

$$R_i = R_{i1} \tag{7-11}$$

3. 输出电阻

多级放大器的输出电阻 R_o 等于最后一级的输出电阻 R_{on}，即

$$R_o = R_{on} \tag{7-12}$$

 案例应用

多谐振荡器的应用——无触点扬声器

无触点扬声器在常用的车用扬声器基础上，改变其老式的机械触点工作方式，代之以电子振荡和激励放大，从而彻底改进了机械触点式扬声器寿命短、易烧坏、调试麻烦等问题。它具有音色和音量不变且易调整、故障少等优点，因而在现代汽车上使用越来越广泛。无触点扬声器主要由多谐振荡器及功率放大器组成，图 7-22 所示为其电路。VT_1、VT_2、VT_3 构成一个多谐振荡器。为了保证其振荡频率稳定，多谐振荡器接在由稳压二极管 VS 和温度补偿二极管 VD_1 组成的稳压电源上。VT_4、VT_5 组成直接混合放大器，扬声器线圈 L 则串联在 VT_5 的集电极。电容器 C_3 用以防止汽车点火电路引起的干扰。

图 7-22　无触点扬声器电路

如果振荡电路中 VT_2 截止，则 VT_3 也截止，于是 VT_4、VT_5 导通，扬声器线圈 L 中有电流，电磁系统吸动扬声器膜片。如果 VT_2 导通，则 VT_3 也导通，于是 VT_4、VT_5 截止，扬声器线圈 L 中无电流，膜片复位。如此反复，膜片不断地振动，使扬声器发出声响。

显然，VT_2、VT_3 截止的时间越长，则扬声器线圈 L 中通电的时间就越长，膜片的振幅越大，声音也越大；相反则声音越小。这样，只要改变 R_6、RP 及 C_1 的时间常数也就是调整电位器 RP 就可以调整声音的大小。

课堂练一练

1. 共发射极放大电路的输出电压与输入电压相位上相差_____。

2. 两个单管电压放大器单独工作时，空载的电压放大倍数分别为 $A_{u1} = -40$，$A_{u2} = -60$。当用阻容耦合方式连接两级放大电路时，总的电压放大倍数为_____。

7.4 集成运算放大器

集成运算放大器（Intergrated Operational Amplifier）简称集成运放，是一种高增益的直接耦合多级放大电路，也是一种典型的模拟集成电路。

7.4.1 集成运放的电路结构

集成运放内部电路结构复杂且有多种形式，不过其结构大多由输入级、中间级、输出级和偏置电路四部分组成，组成框图如图 7-23 所示。

集成运放各部分的作用如下：

1. 输入级

输入级是集成运算放大器质量保证的关键，要求其输入电阻尽量高，偏置电流尽量小。

2. 中间级

中间级的任务是提供足够大的电压放大倍数，一般放大倍数可达几万倍甚至几十万倍以上。为了减少对前级的影响，还应具有较高的输入电阻。另外，中间级还应向输出级提供较大的驱动电流。

3. 输出级

输出级的主要作用是能提供足够的电流以满足负载的需要，大多采用复合管做输出级，同时还必须具有较低的输出电阻，以起到将放大级和负载隔离的作用。

4. 偏置电路

偏置电路的作用是为上述各级电路提供稳定和合适的偏置电流，决定各级的静态工作点。偏置电路一般由各种恒流源电路构成。

图 7-24 所示为双列直插型四运放 LM324 的外形及引脚图。它将四个集成运放制作在同一芯片上，这样不仅缩小体积，更重要的是四个集成运放在同一芯片上同时制作而成，温度变化一致，电路一致性好。

7.4.2 理想集成运放的两个重要特征

理想集成运放的图形符号如图 7-25 所示，它有两个输入端（一个反相输入端和一个同相输入端）和一个输出端。它们的对地电压分别用 u_-、u_+ 和 u_o 表示。

图 7-23   集成运放的组成框图

图 7-24   双列直插型四运放 LM324 的外形及引脚图

为了突出集成运放的主要特点，简化分析过程，在应用集成运放时，总是假定它是理想的。理想的运放具有以下特性：

开环差模电压放大倍数 $A_{od} \to \infty$；

开环差模输入电阻 $R_{id} \to \infty$；

开环差模输出电阻 $R_{od} = 0$。

图 7-25   理想集成运放的图形符号

根据理想运放的条件得到集成运放理想化具有以下两个特性。

1. 虚短

因为理想的集成运放开环电压放大倍数趋于无穷大，当运放的输出电压 u_o 为有限值时，集成运放的输入电压趋于零，即两个输入端电压相等，所以

$$u_+ = u_- \tag{7-13}$$

因此，集成运算放大器同相输入端与反相输入端可视为短路。

2. 虚断

理想集成运放的输入电阻趋于无穷大，故其输入端可视为开路，集成运放就不需要向前级索取电流，即

$$i_+ = i_- = 0 \tag{7-14}$$

 小提示

利用集成运放虚短和虚断两个特性，可以十分方便地分析各种运放的线性应用电路。需要注意的是，虚短不能认为是两个输入端短路，因为实际上两个输入端间的电压不可能等于零，虚断也不能认为是开路，因为实际上输入端电流不可能等于零。

7.4.3   基本运算电路

1. 反相比例运算放大电路

反相比例运算放大电路如图 7-26 所示。

输入信号 u_i 经电阻 R_1 送到反相输入端，而同相输入端经 R_P 接地。R_f 为反馈电阻，输出电压 u_o 通过它接到反相输入端。

图中电阻 R_P 是为了与反相输入端上的外接电阻 R_1 和

图 7-26   反相比例运算放大电路

R_f 进行直流平衡，称为直流平衡电阻，取

$$R_P = R_1 \mathbin{/\mkern-5mu/} R_f$$

根据虚短、虚断概念有

$$i_1 = i_f$$
$$u_- = u_+ = 0$$

且

$$i_1 = \frac{u_i - u_-}{R_1} = \frac{u_i}{R_1}$$

$$i_f = \frac{u_- - u_o}{R_f} = -\frac{u_o}{R_f}$$

故电压放大倍数为

$$A_{uf} = \frac{u_o}{u_i} = -\frac{R_f}{R_1} \tag{7-15}$$

式(7-15) 表明输出电压与输入电压相位相反，且成比例关系，因此将这种电路称为反相比例放大器。

若取 $R_1 = R_f$，则 $A_{uf} = -1$，即电路的 u_o 与 u_i 大小相等，相位相反，称此时的电路为反相器。

2. 同相比例运算放大电路

同相比例运算放大电路如图7-27所示，输入信号 u_i 经电阻 R_2 送到同相输入端，而反相输入端通过 R_1 接地并引入负反馈。

由虚断、虚短性质可列出

$$i_1 = i_f$$
$$u_- = u_+ = u_i$$

图 7-27　同相比例运算放大电路

且

$$i_f = \frac{u_o - u_-}{R_f} = \frac{u_o - u_i}{R_f}$$

$$i_1 = \frac{u_-}{R_1} = \frac{u_i}{R_1}$$

于是

$$A_{uf} = \frac{u_o}{u_i} = 1 + \frac{R_f}{R_1} \tag{7-16}$$

式(7-16) 中，A_{uf} 为正值，表明 u_o 与 u_i 同相。改变 R_f 和 R_1 的比值，可改变电路的电压放大倍数。

式(7-16) 中，若取 $R_1 \rightarrow \infty$，则得

$$A_{uf} = 1 \tag{7-17}$$

即 u_o 与 u_i 大小相等，相位相同，称此电路为电压跟随器，电路如图7-28所示。

3. 加法运算电路

利用集成运放实现加法运算时，可采用反相输入方式或同相输入方式。这里重点介绍反相输入加法运算电路。

在反相比例运算放大电路的基础上，增加几条输入支路，便可组成反相加法运算电路，也称反相加法器，如图7-29所示。两个输入信号u_{i1}、u_{i2}分别通过R_1、R_2接至反相输入端。R_f为反馈电阻，R_3为直流平衡电阻，$R_3 = R_1 /\!/ R_2 /\!/ R_f$，在要求不高的情况下也可以将同相端直接接地。

图7-28 电压跟随器 　　　　图7-29 反相加法器

根据虚短、虚断特性和KCL，由电路可列出

$$\frac{u_{i1}}{R_1} + \frac{u_{i2}}{R_2} = \frac{0 - u_o}{R_f}$$

则

$$u_o = -\left(\frac{R_f}{R_1} u_{i1} + \frac{R_f}{R_2} u_{i2} \right) \tag{7-18}$$

当取$R_1 = R_2 = R$时

$$u_o = -\frac{R_f}{R}(u_{i1} + u_{i2}) \tag{7-19}$$

当取$R = R_f$时

$$u_o = -(u_{i1} + u_{i2}) \tag{7-20}$$

式(7-20)表明电路实现了各输入信号电压的反相相加。

【例7-4】 有一运算电路如图7-30所示，已知$R_1 = R_2 = 100k\Omega, R_3 = 100k\Omega, R_f = 50k\Omega$，求输出电压与输入电压之间的关系。

【解】 设u_{i1}、u_{i2}单独作用时，u_{i3}短接，电路为反相求和电路，则

图7-30 例7-4图

$$u_o' = -\frac{R_f}{R_1} u_{i1} - \frac{R_f}{R_2} u_{i2}$$

设u_{i3}单独作用时，u_{i1}、u_{i2}均短接，电路为同相比例运算电路，则

$$u_o'' = \left(1 + \frac{R_f}{R_1 /\!/ R_2}\right) u_{i3}$$

所以根据叠加定理可得

$$u_o = u_o' + u_o''$$

代入数值可得

$$u_o = 2u_{i3} - 0.5u_{i1} - 0.5u_{i2}$$

从以上分析可看出，此电路是一个减法运算电路。

7.4.4　有源滤波电路

在信号领域内，滤波器分为无源滤波器和有源滤波器。有源滤波器一般由集成运放和 RC 网络构成，它具有体积小、性能稳定等优点，同时由于集成运放的增益和输入阻抗都很高，输出阻抗又很低，故有源滤波器还兼有放大信号的作用。

利用有源滤波器可以突出有用频率的信号，衰减无用频率的信号，抑制干扰和噪声，达到提高信噪比或者选频目的，因而有源滤波器被广泛应用于通信、测量及控制技术中的小信号处理。

按照功能分类，有源滤波器可以分为低通滤波器（LPF）、高通滤波器（HPF）、带通滤波器（BPF）、带阻滤波器（LEF）和全通滤波器（APF）。常见有源滤波器的幅频特性如图7-31所示。

a) 低通滤波电路　　　　　　　　　b) 高通滤波电路

c) 带通滤波电路　　　　　　　　　d) 带阻滤波电路

图7-31　常见有源滤波器幅频特性图

我们把能够通过的信号频率范围定义为通带，反之，阻止信号通过或者衰减信号的频率范围定义为阻带。通带与阻带的分界点频率为截止频率，如图7-31c、d所示的 f_{p1}、f_{p2} 分别为下限截止频率和上限频率。

如图7-32所示为一阶低通滤波电路，这是一种最简单的滤波电路，一阶有源低通滤波电路也是组成二阶、高阶有源低通滤波电路的最小单元。

图7-32　一阶低通滤波电路

知识链接

5G 的射频前端——滤波器

5G 通信移动技术的发展必将引发行业重大变革，如何在新一轮"战役"中抢占制高点就成为了相关企业的难点。5G 的终端设备将不局限于手机和计算机，还将涵盖家电、汽车、穿戴设备、工业设备等，其核心产业链环节为通信芯片、通信模块、天线和射频等部分。

随着 5G 时代的到来，作为射频前端模块中的重要组成部分，滤波器的市场格局和技术特点都发生了不小的变化。目前，一款 4G 手机中需要用到的滤波器数量可达 30 余个，而 5G 应用支持的频段数量将新增 50 个以上通信频段，全球 2G/3G/4G/5G 网络合计支持的频段将达到 91 个以上。对于一个频段而言，一般至少需要两个滤波器，因此手机频段数上升的直接结果就是手机中使用的射频滤波器数量上升，而手机中滤波器的成本也在日渐上升。随着射频滤波器变得越来越重要，各大射频前端厂商也在积极布局滤波器市场。

应用于 5G 通信中的滤波器主要是体声波滤波器（Bulk Acoustic Wave，BAW）和声表面波滤波器（Surface Acoustic Wave，SAW）。SAW/BAW 相对于传统 LC 或者陶瓷滤波器来说，制作难度更大，成本更高。随着全球半导体器件厂商不断整合并购以谋求产业链优化，并利用规模优势获取更多的市场话语权、更低的制造成本，在声波滤波器领域，经历数次整合并购之后，已经呈现了巨头垄断的竞争格局。SAW/BAW 生产门槛非常高，核心技术均掌握在日本企业、美国企业手中，SAW 的主要供应商是 Murata 公司和 TDK 公司，两者合计占有达到 60%~70% 市场份额；BAW 的主要供应商是 Avago 公司及 Qorvo 公司，两者占有 90% 以上市场份额。

国内涉足滤波器的公司有中电科声光电研究所、55 所、北京航天微电科技有限公司、中电德清华莹、无锡好达、麦捷科技、三环集团和信维通信等。

课堂练一练

1. 理想运放两个重要的特性是_____和_____。

2. 集成运算放大电路是_____增益的_____级_____耦合放大电路，内部主要由_____、_____、_____、_____四部分组成。

3. 集成运放有两个输入端，其中，标有"－"号的称为_____输入端，标有"＋"号的称为_____输入端，∞ 表示_____。

技能训练六　简易电子秤电路仿真与装调

1. 任务描述

设计一个简易电子秤电路，利用 SFG－15 NIA 硅压阻式传感器和集成运放 LM324，实现作用力为 0~15N 时，输出电压为 0~1500mV（灵敏度 1mV/g）。

2. 仿真电路原理图设计

由于 Protues 8 Professional 元件库里面没有提供 SFG－15 NIA 硅压阻式传感器的模

型，故用电阻 R_9、R_{10}、R_{11} 和电位器 RP_3 模拟该传感器的输出值，其仿真电路图如图 7-33 所示。

图 7-33　简易电子秤仿真电路图

在电路中改变电位器的值就可以模拟不同重物产生的电压信号 U_i，U_{1A}、U_{1B}、U_{1C} 组成测量放大电路，其差动输入端直接与力传感器的第 2 脚、第 4 脚相连，这里用电桥代替传感器，U_{1D} 接成跟随器，输入电位器 RP_1 的作用是消除零点输出，即作用力为零时，若电桥有不平衡输出，或放大器有失调电压时，可以调整 RP_1，使输出电压 U_o 为零。调整 RP_2，使输入满量程时，输出 U_o 为 1500mV。

3. 仿真数据记录

在仿真电路图中，改变电位器 RP_3 的阻值，在表 7-1 中记录输入电压 U_i 和输出电压 U_o 的值。

表 7-1　简易电子秤电路仿真数据记录表

	1	2	3	4	5
U_i/mV					
U_o/mV					

4. 电路装配

（1）元器件准备　参考电路配套元器件清单见表 7-2。

表 7-2　简易电子秤电路元器件清单

器件编号	名称	型号/规格	数量
U_{1A}、U_{1B}、U_{1C}、U_{1D}	集成运放	LM324	1
RP_1	电位器	1Ω	1

（续）

器件编号	名称	型号/规格	数量
RP$_2$	电位器	10Ω	1
R_1、R_2、R_7、R_8	碳膜电阻	10Ω	4
$R_3 \sim R_6$	碳膜电阻	200Ω	4
VD$_1$、VD$_2$、VD$_3$	二极管	IN4148	3

（2）元器件好坏检测　用万用表对各个元器件进行检查，对质量不符合要求的元器件给予剔除并更换。

（3）元器件焊接　在万用板上合理布局元器件，并焊接。

5. 电路调试与功能测试

将不同质量（设 $g = 10\text{N/kg}$）的砝码放在传感器上，测量并记录输出电压的值，然后分析输出电压在砝码质量增大或减小时的变化规律，并检查灵敏度是否满足要求。

习题七

7-1　填空题

1）晶体管的种类很多，按照半导体材料的不同可分为_____、_____；按照极性的不同分为_____、_____。

2）晶体管有三个区，分别是_____、_____和_____。

3）晶体管有两个 PN 结，即_____结和_____结；有三个电极，即_____极、_____极和_____极，分别用_____、_____、_____表示。

4）若静态工作点选得过高，容易产生_____失真；若静态工作点选得过低，容易产生_____失真。

5）当_____时，放大电路的工作状态称为静态；当_____时，放大电路的工作状态称为动态。

6）放大电路的静态分析方法有_____、_____。

7）放大电路的动态分析方法有_____、_____。

8）当晶体管的发射结_____、集电结_____时，工作在放大区；发射结_____、集电结_____时，工作在饱和区；发射结_____、集电结_____时，工作在截止区。

9）晶体管中，硅管的死区电压约为_____，锗管的死区电压为_____。

10）在共发射极放大电路中，输出电压 u_i 和输入电压 u_o 的相位_____。

11）放大电路的输入电阻和输出电阻是衡量电路性能的重要指标，一般希望电路的输入电阻_____，以_____对信号源的影响；希望输出电阻_____，以_____放大器的带负载的能力。

7-2　根据图 7-34 所示各晶体管三个电极的电位，判断它们分别处于何种工作状态？

7-3　测得工作在放大电路中的几个晶体管的三个电极对地电位为 V_1、V_2、V_3，对应数值分别为：

图7-34 习题7-2图

1）$V_1 = 3.5V$，$V_2 = 2.8V$，$V_3 = 12V$

2）$V_1 = 3V$，$V_2 = 2.8V$，$V_3 = 6V$

3）$V_1 = 6V$，$V_2 = 11.3V$，$V_3 = 12V$

4）$V_1 = 6V$，$V_2 = 11.8V$，$V_3 = 12V$

判断它们是 PNP 型还是 NPN 型、是硅管还是锗管，并同时确定三个电位分别对应哪个电极。

7-4　试判断图7-35中各电路能否放大交流信号，为什么？

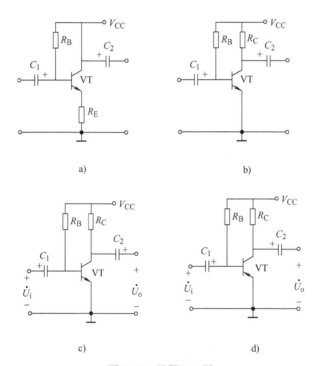

图7-35　习题7-4图

7-5　如图7-36所示的共发射极放大电路中，$V_{CC} = 12V$，晶体管的电流放大系数 $\beta = 40$，$r_{be} = 1k\Omega$，$R_B = 300k\Omega$，$R_C = 4k\Omega$，$R_L = 4k\Omega$：求：1）接入负载电阻 R_L 前、后的电压放大倍数；2）输入电阻 R_i 和输出电阻 R_o。

7-6　在图7-37所示电路中，其中 $V_{CC} = 12V$，$R_B = 400k\Omega$，$R_C = R_L = 5.1k\Omega$，$\beta = 40$。试求：1）电路的静态工作点；2）微变等效电路；3）电路的电压放大倍数；4）电路的输入电阻 R_i 和输出电阻 R_o。

图7-36　习题7-5图

7-7　电路如图7-38所示，集成运放输出电压的最大幅值为±14V，填表7-3。

图 7-37　习题 7-6 图　　　　　　　　　　图 7-38　习题 7-7 图

表 7-3　图 7-38 集成运放输入输出关系表

u_i/V	0.1	0.5	1.0	1.5	2.0	2.5	3.0
u_{o1}/V							
u_{o2}/V							

7-8　图7-39所示为一种监控报警装置，可对某一参数（如温度、压力等）进行监控并发出报警信号，试说明电路的工作原理、二极管 VD 和电阻 R_3 的作用。

图 7-39　监控报警装置电路

第8章

数字电子技术基础

学习目标 《《

◇ 掌握常用数制的转换及逻辑函数的化简。

◇ 熟悉逻辑代数的基本公式和定律。

◇ 熟悉常用门电路的逻辑符号、逻辑功能及逻辑表达式。

◇ 掌握组合逻辑电路的分析及设计方法。

◇ 了解常用组合逻辑功能器件的工作原理及特点。

内容引入 《《

现在的电视机广告中会有"数字高清"的词语，媒体上也可见到模拟手机已经完全被数字手机取代的话题。第7章介绍的晶体管及运算放大电路就属于模拟电路，本章开始学习数字电路。生活中所用的手机和计算机（见图8-1）等内部有很多的数字电路。

图 8-1　手机和计算机

8.1　数字电路概述

8.1.1　数字信号与数字电路

在电子技术中，被传递和处理的电信号分为模拟信号和数字信号两大类。模拟信号是指在时间上和数值上都连续变化的信号。例如温度、正弦电压，如图8-2所示。数字信号是指在时间上和数值上都断续变化的离散信号。例如人数、物品的个数，如图8-3所示。处理模拟信号的电路称为模拟电路，处理数字信号的电路称为数字电路。

1. 数字电路的特点

数字电路中处理的信息一般是二进制的数字信号（0、1），这种信息可以看作二元信息，在电路中可以用开关的合、断，器件（二极管、晶体管）的导通、截止等来表示。数字电路主要有以下特点：

1）工作信号是不连续的数字信号，只有0和1两个基本数字，体现在电路中即是只有高电平和低电平两种状态，电路结构简单，对精度的要求不高，适于集成化。

2）侧重研究电路的输出与输入之间的逻辑关系，分析方法与模拟电路完全不同，具有独立的基础理论，所使用的数学工具主要是逻辑代数。

图 8-2　模拟信号

图 8-3　数字信号

3）数字电路中，利用晶体管的饱和、截止状态来表示数字信号的高、低电平，晶体管只处于开、关状态，因此工作可靠性高，抗干扰能力强。

2. 正逻辑与负逻辑

数字信号是一种二值信号，用两个电平（高电平和低电平）分别来表示两个逻辑值（逻辑1和逻辑0）。那么究竟是用哪个电平来表示哪个逻辑值呢？

数字电路中用的两种逻辑体制：

（1）正逻辑体制规定　高电平为逻辑1，低电平为逻辑0。

（2）负逻辑体制规定　低电平为逻辑1，高电平为逻辑0。

8.1.2　数制

数制就是计数方法，即指多位数从低位到高位的进位规则，也称进位制，例如二进制、八进制、十进制等。数制的基数是在该数制中可能用到的数码的个数。在某一数制的数中，每一位的大小都对应着该位上的数码乘上一个固定的数，这个固定的数就是这一位的权数，权数是一个幂。表 8-1 为几种数制之间的对应关系。

表 8-1　几种数制之间的对应关系

十进制数	二进制数	八进制数	十六进制数
0	0000	0	0
1	0001	1	1
2	0010	2	2
3	0011	3	3
4	0100	4	4
5	0101	5	5
6	0110	6	6
7	0111	7	7
8	1000	10	8
9	1001	11	9
10	1010	12	A
11	1011	13	B
12	1100	14	C
13	1101	15	D
14	1110	16	E
15	1111	17	F

1. 十进制（Decimal）

十进制是人们最习惯采用的一种进位计数方法。它的特点是基数为 10，数码为 0～9；

运算规律为逢十进一。

十进制数的权展开式：任意一个十进制数都可以表示为各个数位上的数码与其对应的权的乘积之和，称为权展开式。如

$$(5326)_{10} = 5 \times 10^3 + 3 \times 10^2 + 2 \times 10^1 + 6 \times 10^0$$

2. 二进制（Binary）

二进制是在数字电路中应用最广泛的计数方法。它的特点是基数为2，数码为0、1；运算规律为逢二进一，即 $1 + 1 = 10$。

二进制数的权展开式如

$$(101.01)_2 = 1 \times 2^2 + 0 \times 2^1 + 1 \times 2^0 + 0 \times 2^{-1} + 1 \times 2^{-2} = (5.25)_{10}$$

3. 十六进制（Hexadecimal）

用二进制表示数时位数比较多，而用十六进制就比二进制简单得多。十六进制的特点是基数为16，数码为 $0 \sim 9$ 和 $A \sim F$；运算规律为逢十六进一。

十六进制数的权展开式如

$$(D8.4)_{16} = 13 \times 16^1 + 8 \times 16^0 + 4 \times 16^{-1} = (216.25)_{10}$$

 小提示

为了区别这几种数制，可在数的后面加上数字下标2、10、16，也可以加一字母，如用B表示二进制数，D表示十进制数，H表示十六进制数。如果后面的数字或字母被省略，则默认该数为十进制数。

8.1.3 常用数制转换

1. 二进制转换成十进制

【例8-1】 将二进制数 10011.101 转换成十进制数。

【解】 将每一位二进制数乘以位权，然后相加，可得

$$(10011.101)_B = 1 \times 2^4 + 0 \times 2^3 + 0 \times 2^2 + 1 \times 2^1 + 1 \times 2^0 + 1 \times 2^{-1} + 0 \times 2^{-2} + 1 \times 2^{-3}$$
$$= (19.625)_D$$

2. 十进制转换成二进制

可用"除2取余"法将十进制的整数部分转换成二进制。

【例8-2】 将十进制数23转换成二进制数。

【解】 根据"除2取余"法的原理，按如下步骤转换：

$$
\begin{array}{ll}
2\,\underline{|\,23} & \cdots\cdots 余\ 1 \quad b_0 \\
2\,\underline{|\,11} & \cdots\cdots 余\ 1 \quad b_1 \\
2\,\underline{|\,5} & \cdots\cdots 余\ 1 \quad b_2 \\
2\,\underline{|\,2} & \cdots\cdots 余\ 0 \quad b_3 \\
2\,\underline{|\,1} & \cdots\cdots 余\ 1 \quad b_4 \\
\quad 0 &
\end{array}
$$

读取次序

则　　$(23)_D = (10111)_B$

可用"乘2取整"的方法将任何十进制数的纯小数部分转换成二进制数。

【例 8-3】　将十进制数 $(0.562)_D$ 转换成误差 ε 不大于 2^{-6} 的二进制数。

【解】　用"乘2取整"法，按如下步骤转换：

$$\text{取整}$$

$$0.562 \times 2 = 1.124 \cdots\cdots 1 \cdots\cdots b_{-1}$$
$$0.124 \times 2 = 0.248 \cdots\cdots 0 \cdots\cdots b_{-2}$$
$$0.248 \times 2 = 0.496 \cdots\cdots 0 \cdots\cdots b_{-3}$$
$$0.496 \times 2 = 0.992 \cdots\cdots 0 \cdots\cdots b_{-4}$$
$$0.992 \times 2 = 1.984 \cdots\cdots 1 \cdots\cdots b_{-5}$$

由于最后的小数 $0.984 > 0.5$，根据"四舍五入"的原则，b_{-6} 应为 1。因此

$$(0.562)_D = (0.100011)_B$$

其误差 $\varepsilon < 2^{-6}$。

3. 二进制转换成十六进制

由于十六进制基数为 16，而 $16 = 2^4$，因此，4 位二进制数就相当于 1 位十六进制数。因此，可用"4 位分组"法将二进制数化为十六进制数。

【例 8-4】　将二进制数 1001101.100111 转换成十六进制数。

【解】　$(1001101.100111)_B = (0100\ 1101.1001\ 1100)_B = (4D.9C)_H$

4. 十六进制转换成二进制

由于每位十六进制数对应于 4 位二进制数，因此，十六进制数转换成二进制数，只要将每一位变成 4 位二进制数，按位的高低依次排列即可。

【例 8-5】　将十六进制数 6E.3A5 转换成二进制数。

【解】　$(6E.3A5)_H = (110\ 1110.0011\ 1010\ 0101)_B$

5. 十六进制转换成十进制

可由"按权相加"法将十六进制数转换为十进制数。

【例 8-6】　将十六进制数 7A.58 转换成十进制数。

【解】　$(7A.58)_H = 7 \times 16^1 + 10 \times 16^0 + 5 \times 16^{-1} + 8 \times 16^{-2}$
$$= 112 + 10 + 0.3125 + 0.03125 = (122.34375)_D$$

8.1.4　码制

数字电路中的信息分为两种：一种是数值信息；另一种是文字、符号信息。码制是指用二进制数表示数字或字符的编码（Coding）方法。

由于十进制数码（0~9）是不能在数字电路中运行的，所以需要转换为二进制数。常用 4 位二进制数进行编码来表示 1 位十进制数。这种用二进制代码表示十进制数字的方法称为二-十进制编码，简称 BCD 码（Binary Coded Decimal System）。

由于 4 位二进制代码可以有 16 种不同的组合形式，用来表示 0~9 十个数字则只会用到其中 10 种组合，因而编码的方式很多，其中一些比较常用，如 8421BCD 码、5421 码、2421码、余 3 码、格雷码（Gray Code）等，几种常用的 BCD 码见表 8-2。

8421 BCD 码的每一位的权是固定的，属于有权码，它和二进制数各位的权一样，从高到低，依次为 8、4、2、1。用 8421 BCD 码表示十进制数时，要注意十进制数的每位数字是用 4 位二进制数表示。例如 $(768)_{10} = (0111\ 0110\ 1000)_{BCD}$。

表 8-2　几种常用的 BCD 码

十进制数码	8421 码	5421 码	2421 码	余 3 码（无权码）	格雷码（无权码）
0	0000	0000	0000	0011	0000
1	0001	0001	0001	0100	0001
2	0010	0010	0010	0101	0011
3	0011	0011	0011	0110	0010
4	0100	0100	0100	0111	0110
5	0101	1000	1011	1000	0111
6	0110	1001	1100	1001	0101
7	0111	1010	1101	1010	0100
8	1000	1011	1110	1011	1100
9	1001	1100	1111	1100	1000

5421 码和 2421 码是有权码，由高到低，其权值依次为 5、4、2、1 和 2、4、2、1。余 3 码是由 8421 码加 3（0011）得来的，它是一种无权码。格雷码的特点是：相邻两个代码之间仅有一位不同，其余各位均相同，也是一种无权码。

知识链接

二进制的来源

图 8-4 所示的八卦、太极图大家都很熟悉，它们在影视屏幕中、古建筑上、出土文物上经常出现。然而这些图形各代表什么含义，它们又是如何构成的呢？

a) 八卦太极图　　　　　　　b) 八卦方位图　　　　　　　c) 太极图

图 8-4　八卦、太极图

《易经》中的八卦、六十四卦中隐藏着二进制的计数原理，而二进制又是现代计算机的基础。反过来利用计算机对认识、理解周易八卦图和太极图也是有帮助的。

（1）八卦　八卦由八个形状各异的卦组成，每个卦有各自的卦象和卦名。仔细观察会发现，虽然八卦的各个卦象完全不同，但它们都是由两个基本元素 "—" 和 "- -" 构成的。它们分别命名为：阳爻 "—" 和阴爻 "--"。爻（yáo）就是组成八卦的长短横画符号，如图 8-5 所示。

卦象：								
卦名：	坤	艮	坎	巽	震	离	兑	乾
读音：	kūn	gèn	kǎn	xùn	zhèn	lí	duì	qián

图 8-5　八卦图中的卦象与卦名

（2）太极图　太极图是八卦太极图中心的由一对阴阳鱼组成的圆，它寓意着统一规律。因为阴和阳本来就是两个对立的事物，现在统一于一个圆里了。黑鱼代表阴，白（或红）鱼代表阳。

（3）二进制与八卦的对应　二进制数由 "0" 和 "1" 两个数码组成，八卦图由阴爻 "- -" 和阳爻 "—" 两个符号组成。如果将八卦图的两个符号与二进制的两个数码互相对应：阴爻 "- -" 对应数码 "0"、和阳爻 "—" 对应数码 "1"，这样就能方便地将二进制数与八卦图联系起来。例如，3 比特可构成 8 个二进制数：000、001、010、011、100、101、110、111（实际上它们就是十进制数 0、1、2、3、4、5、6、7 的二进制表示）。如果将 "0" "1" 与 "--" "—" 分别对应，就能方便地由二进制数转换成八卦阵形，如图 8-6 所示。

二进制数：	000	001	010	011	100	101	110	111
卦象：								

图 8-6　二进制数与八卦图中的卦象对应关系图

课堂练一练

1. 写出十进制数 58 的二进制数和 8421 BCD 码。
2. 有一数码为 1000111，作为二进制数和 8421 BCD 码时，其相应的十进制数各为多少？

8.2　逻辑代数基础

逻辑是指事物的因果关系，或者说条件和结果的关系，这些因果关系可以用逻辑代数来描述。逻辑代数中的变量称为逻辑变量，用大写字母表示。逻辑变量的取值只有两种，逻辑 0 和逻辑 1，0 和 1 称为逻辑常量，并不表示数量的大小，而是表示两种对立的逻辑状态。

在逻辑代数中只有 0 和 1 两种逻辑值，有与、或、非三种基本逻辑运算，还有与或、与非、与或非、异或等几种复合逻辑运算。

8.2.1　基本逻辑及其运算

1. 与逻辑及与运算

当某一事件发生所需要的所有条件具备时，这一事件才发生，这种因果关系称为与逻辑。

在图 8-7 所示电路中，只有当开关 A 与 B 全部闭合时，灯 Y 才会亮。对灯 Y 来说，开关 A 与 B 都闭合时，

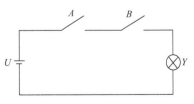

图 8-7　开关串联实现与逻辑

"灯 Y 亮"才会发生，所以 Y 与 A、B 的关系就是与逻辑关系。

将开关 A、B 和灯 Y 的对应状态列在一起，所得到的就是反映电路基本逻辑关系的功能表。如果开关 A、B 闭合用 1 表示，开关断开用 0 表示；灯 Y 亮用"1"表示，灯 Y 灭用"0"表示，可得到表 8-3，这类表格称为逻辑真值表，简称真值表。

与逻辑关系可以表示为

$$Y = AB$$

式中，A、B 是输入变量；Y 是输出变量。

逻辑表达式中右边的变量为输入变量，左边的变量为输出变量，在以后的表达式中不再说明。

实现与逻辑功能的电路叫与门，其逻辑符号如图 8-8 所示。

表 8-3　与逻辑的真值表

A	B	Y
0	0	0
0	1	0
1	0	0
1	1	1

图 8-8　与门逻辑符号

归纳

与逻辑又叫逻辑乘。与逻辑的逻辑规律是：输入全为 1 时，输出为 1；输入有 0 时，输出为 0。可以概括为"有 0 则 0，全 1 为 1"。

2. 或逻辑及或运算

在某一事件发生所需要的所有条件中，只要有一个条件具备，这一事件就发生，这种因果关系称为或逻辑。

在图 8-9 所示电路中，只要有一个开关闭合，灯 Y 就会亮。对灯 Y 来说，只要有一个开关闭合，"灯 Y 亮"就会发生，所以 Y 与 A、B 的关系就是或逻辑的关系。或逻辑真值表见表 8-4。

或逻辑关系可以表示为

$$Y = A + B$$

实现或逻辑功能的电路叫或门，其逻辑符号如图 8-10 所示。

表 8-4　或逻辑真值表

A	B	Y
0	0	0
0	1	1
1	0	1
1	1	1

图 8-9　开关并联实现或逻辑

图 8-10　或门逻辑符号

归纳

或逻辑又叫逻辑加。或逻辑的逻辑规律是：输入有 1 时，输出就为 1；输入全为 0 时，输出才为 0。可以概括为"有 1 则 1，全 0 为 0"。

3. 非逻辑及非运算

当某一事件发生所需要的条件具备时，这一事件不会发生；当所需要的条件不具备时，这一事件却发生，这种因果关系称为非逻辑。

图 8-11 所示电路中，开关 A 闭合时，灯 Y 灭，开关 A 断开时，灯 Y 亮。Y 与 A 的关系就是非逻辑关系。非逻辑真值表见表 8-5。

非逻辑关系可以表示为

图 8-11　开关与灯并联实现非逻辑

$$Y = \overline{A}$$

实现非逻辑功能的电路叫非门，其逻辑符号如图 8-12 所示。

表 8-5　非逻辑真值表

A	Y
0	1
1	0

图 8-12　非门逻辑符号

归纳

非逻辑又叫逻辑非。非逻辑的逻辑规律是：输入为 1 时，输出为 0；输入为 0 时，输出为 1。可以概括为"见 1 为 0，见 0 为 1"。

4. 与非运算

与非运算表达式为

$$Y = \overline{AB}$$

与非运算是先"与"后"非"，可用与非门实现。它的逻辑符号如图 8-13 所示。与非逻辑的真值表见表 8-6。

表 8-6　与非逻辑真值表

A	B	Y
0	0	1
0	1	1
1	0	1
1	1	0

图 8-13　与非门逻辑符号

归纳

与非逻辑又叫逻辑与非。与非逻辑的逻辑规律是：输入全为 1 时，输出为 0。输入有 0 时，输出为 1。可以概括为"见 0 为 1，全 1 为 0"。

5. 或非运算

或非运算表达式为

$$Y = \overline{A + B}$$

或非运算是先"或"后"非"，可用或非门实现。它的逻辑符号如图 8-14 所示。或非逻辑的真值表见表 8-7。

表 8-7　或非逻辑真值表

A	B	Y
0	0	1
0	1	0
1	0	0
1	1	0

图 8-14　或非门逻辑符号

归纳

或非逻辑又叫逻辑或非。或非逻辑的逻辑规律是：输入全 0 时，输出为 1。输入有 1 时，输出为 0。可以概括为"见 1 为 0，全 0 为 1"。

6. 与或非运算

与或非运算表达式为

$$Y = \overline{AB + CD}$$

与或非运算是一种复合运算，按顺序先"与"后"或"再"非"。它的逻辑符号如图 8-15 所示。

7. 异或运算

异或运算表达式为

$$Y = A \oplus B = \overline{A}B + A\overline{B}$$

异或运算的规则是：两个变量输入不同时输出为 1，两个变量输入相同时输出为 0。异或运算可以用异或门实现，它的逻辑符号如图 8-16 所示。

图8-15　与或非门逻辑符号

图 8-16　异或门逻辑符号

8.2.2　逻辑函数的表示方法

逻辑函数与普通代数中的函数的定义相似。在逻辑电路中，如果输入变量 A、B、C… 的取值确定后，输出变量 Y 的值也被唯一确定了，称 Y 是 A、B、C… 的逻辑函数，逻辑函数的一般表达式可以写为

$$Y = f(A、B、C…)$$

逻辑函数的表示方法常用的有以下几种。

1. 真值表

真值表是分析逻辑电路的重要手段。它是一种将输入变量的所有可能的取值和对应的函数排列在一起而组成的表格。

注意

列真值表时，必须将逻辑变量的所有可能的取值情况都列出，并列出相应的函数值。根据排列组合理论，如有 n 个逻辑变量，则可能的取值共有 2^n 个。习惯上，常按逻辑变量各种可能的取值所对应的二进制数从小到大（从 $0 \sim 2^n - 1$）排列。这样，既可避免遗漏，也可避免不必要的重复。

用真值表表示逻辑函数，主要的优点是直观明了，缺点是当变量较多时，列表比较长。

2. 逻辑函数表达式

逻辑函数表达式是用各变量的与、或、非逻辑运算的组合表达式来表示逻辑函数。如

$$Y = AB + \overline{A}\,\overline{C} + B\,\overline{C}$$

根据真值表可以写出逻辑函数表达式，步骤如下：

1）将各个能使逻辑函数值为 1 的变量组合写成乘积项，乘积项中取值为 1 的变量写成原变量，取值为 0 的变量写成反变量。

2）将所有各乘积项相加，即得到逻辑函数表达式。

【例 8-7】 已知真值表见表 8-8，试写出逻辑函数表达式。

表 8-8 逻辑函数 Y 的真值表

逻辑变量值		逻辑函数值
A	B	Y
0	0	1
0	1	0
1	0	0
1	1	1

【解】 在表 8-8 中，第一行以及第四行的逻辑函数值 Y 为 1，A、B 的取值分别为：00 和 11，其基本乘积项为 $\overline{A}\,\overline{B}$（00）和 AB（11），所以逻辑函数表达式为

$$Y = \overline{A}\,\overline{B} + AB$$

 小提示

如果两个逻辑函数具有相同的真值表，则称这两个逻辑函数是相等的，其条件是具有相同的逻辑变量，并且在变量的每种取值情况下，两函数的函数值也相等。

3. 逻辑图

用规定的逻辑符号按一定的规律连接构成的图，称为逻辑图。由逻辑函数表达式可以画出其相应的逻辑图。例 8-7 的逻辑关系也可用图 8-17 来表示。

由于逻辑符号也代表逻辑门，和电路器件是相对应的，所以逻辑图也称为逻辑电路图。

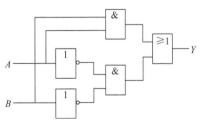

图 8-17 例 8-7 的逻辑图

8.2.3　逻辑代数中的基本公式和定律

（1）基本运算法则

$$A+0=A \quad A+1=1 \quad A+\bar{A}=1 \quad A+A=A$$
$$A\cdot 1=A \quad A\cdot 0=0 \quad A\cdot\bar{A}=0 \quad A\cdot A=A$$

（2）交换律

$$A+B=B+A \quad AB=BA$$

（3）结合律

$$A+(B+C)=(A+B)+C \quad A(BC)=(AB)C$$

（4）分配律

$$A+BC=(A+B)(A+C) \quad A(B+C)=AB+AC$$

（5）吸收律

$$A(A+B)=A \quad A(\bar{A}+B)=AB$$
$$A+AB=A \quad A+\bar{A}B=A+B$$
$$AB+A\bar{B}=A \quad (A+B)(A+\bar{B})=A$$

（6）反演律

$$\overline{AB}=\bar{A}+\bar{B} \quad \overline{A+B}=\bar{A}\cdot\bar{B}$$

8.2.4　逻辑函数的化简

在数字电路中，往往要根据实际问题进行逻辑设计，根据设计得出的逻辑函数用电路去实现，因此，只有最简的逻辑函数才能使得电路最简。在逻辑电路的设计中，如何化简逻辑函数表达式是十分重要的。

公式化简法是指运用逻辑代数的公式和定律化简逻辑函数表达式的方法。化简的目的是使表达式最简，即乘积项的项目最少；在每个乘积项中，变量的个数为最少。常用的化简方法如下：

（1）并项法　运用公式 $A+\bar{A}=1$，将两项合并为一项，消去一个或两个变量。如

$$Y=A\overline{BC}+AB+A(\overline{\overline{BC}+B})$$
$$=A(\overline{BC}+B+\overline{BC}+B)=A$$

（2）吸收法　运用吸收律 $A+AB=A$ 消去多余的与项。如

$$Y=\bar{A}+\bar{A}BC+\bar{A}BD+\bar{A}E=\bar{A}(1+BC+BD+\bar{E})=\bar{A}$$

（3）消去法　运用吸收律 $A+\bar{A}B=A+B$ 消去多余的因子。如

$$Y=AB+\bar{A}C+\bar{B}C=AB+(\bar{A}+\bar{B})C=AB+\overline{AB}C=AB+C$$

（4）配项法　先通过乘以 $A+\bar{A}=1$ 可在函数某一项中乘以 $A+\bar{A}=1$，将其配项展开后消去多余的项，再用以上方法化简。如

$$Y=AB+\bar{A}\bar{C}+B\bar{C}$$

$$= AB + \overline{A}\,\overline{C} + (A + \overline{A})B\,\overline{C}$$

$$= AB + AB\,\overline{C} + \overline{A}\,\overline{C} + \overline{A}B\,\overline{C}$$

$$= AB(1 + \overline{C}) + \overline{A}\,\overline{C}(1 + B)$$

$$= AB + \overline{A}\,\overline{C}$$

卡诺图

组合电路逻辑关系的图形表示法可以追溯到英国逻辑学家约翰·维恩（John Venn）1881 年发明的在集合论中处理集合间逻辑关系的文氏图（Venn diagram），赫尔姆·哈斯（Helmut Hasse）有效地利用 Vogt 在 1895 年用过的哈斯图（Hasse diagram）来表示序理论中的有限偏序集，爱德华·维奇（Edward W. Veitch）在 1952 年将维恩图中的圆形改画成矩形而发明了维奇图（Veitch diagram）。美国贝尔实验室的电信工程师莫里斯·卡诺（Maurice Karnaugh）在 1953 年根据维奇图改进形成了卡诺图（Karnaugh map）或 K 图（K-map），它在数字逻辑、故障诊断等许多领域中应用非常广泛。

卡诺图是逻辑函数的一种图形表示。一个逻辑函数的卡诺图就是将此函数的最小项表达式中的各最小项相应地填入一个方格图内。卡诺图的构造特点使之具有一个重要性质：可以从图形上直观地找出相邻最小项。两个相邻最小项可以合并为一个与项并消去一个变量。

卡诺图化简逻辑函数具有方便、直观、容易掌握等优点，但依然带有试凑性。尤其当变量个数大于 6 时，画图以及对图形的识别都变得相当复杂。

某逻辑函数的真值表见表 8-9，试写出 Y 的表达式并化简。

表 8-9　某逻辑函数真值表

输入变量			输出变量
A	B	C	Y
0	0	0	0
0	0	1	1
0	1	0	1
0	1	1	0
1	0	0	1
1	0	1	0
1	1	0	0
1	1	1	1

8.3 逻辑门电路

8.3.1 电子器件的开关特性

用来接通或断开电路的开关器件应具有两种工作状态：一种是接通（要求其阻抗很小，相当于短路）；另一种是断开（要求其阻抗很大，相当于开路）。在数字电路中，二极管和晶体管工作在开关状态，它们在脉冲信号的作用下，时而导通，时而截止，相当于开关的"接通"和"关断"。

1. 二极管的开关特性

利用二极管正向电阻和反向电阻相差很大的特性，可以将二极管作为电子开关器件使用。二极管正向导通时，其内阻很小，相当于开关接通，如图 8-18 所示。当二极管截止时，两个管脚间的电阻很大，相当于开关断开，如图 8-19 所示。

二极管 VD 加正向电压导通时，两端的电压 $u_{VD}=0.7V$（硅管），与电源电压相比很小，可近似认为是 0，相当于二极管两端短路，即开关接通，如图 8-18b 所示。

当二极管 VD 加反向电压时，二极管截止，流过二极管的电流约等于 0，相当于二极管两端开路，即开关断开，如图 8-19b 所示。

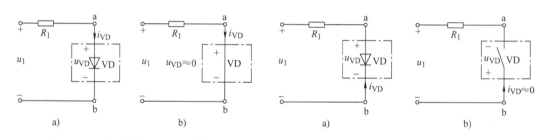

图 8-18　二极管导通时的开关特性　　　　图 8-19　二极管截止时的开关特性

2. 晶体管的开关特性

晶体管在模拟电路中主要工作在放大状态，而在数字电路中，晶体管作为最基本的开关器件，它应工作在截止和饱和状态。晶体管工作状态的转换如图 8-20 所示。

a) 共发射极放大电路　　　b) 截止状态等效电路　　　c) 饱和状态等效电路

图 8-20　晶体管工作状态的转换

当晶体管处于截止工作状态时，发射结反偏，集电结反偏，基极电流 $I_B \approx 0$，集电极电流 $I_C \approx 0$，则晶体管输出电压 $U_{CE} \approx V_{CC}$，此时 C – E 极间导通电阻很大，相当于开关断开。

当晶体管处于饱和工作状态时，发射结正偏，$U_{BE} \approx 0$，I_C 增大，使 $U_{CE} = V_{CC} - I_C R_C$ 下降至 0.3V 左右，集电结由反偏转为正偏，由于 U_{CE} 很小，接近于零，相当于晶体管 C – E 极间短路，即开关闭合。

8.3.2 基本逻辑门电路

能够实现逻辑运算的电路称为逻辑门电路。在用电路实现逻辑运算时，用输入端的电压或电平表示自变量，用输出端的电压或电平表示因变量。

1. 二极管与门和或门电路

（1）与门电路 图 8-21a 为二极管与门电路，图 8-21b 是它的逻辑符号。其工作原理如下：

1）$V_A = V_B = 0V$。此时二极管 VD_1 和 VD_2 都导通，由于二极管正向导通时的钳位作用，$V_Y \approx 0V$。

a) 二极管与门电路　　　　　　　　　b) 逻辑符号

图 8-21 二极管与门

2）$V_A = 0V$，$V_B = 5V$。此时二极管 VD_1 导通，由于钳位作用，$V_Y \approx 0V$，VD_2 受反向电压而截止。

3）$V_A = 5V$，$V_B = 0V$。此时 VD_2 导通，$V_Y \approx 0V$，VD_1 受反向电压而截止。

4）$V_A = V_B = 5V$。此时二极管 VD_1 和 VD_2 都截止，$V_Y = V_{CC} = 5V$。

将上述分析结果归纳起来列入表 8-10 和表 8-11 中，如果采用正逻辑，很容易看出它实现的逻辑运算为

$$Y = AB$$

表 8-10 与门输入与输出电压的关系

输入		输出
V_A / V	V_B / V	V_Y / V
0	0	0
0	5	0
5	0	0
5	5	5

表 8-11 与逻辑真值表

输入		输出
A	B	Y
0	0	0
0	1	0
1	0	0
1	1	1

将图 8-21a 所示电路增加一个输入端和一个二极管，就可变成三输入端与门。按此办法可构成更多输入端的与门。

（2）或门电路 图 8-22a 为二极管或门电路，图 8-22b 是它的逻辑符号。其工作原理如下：

1）$V_A = V_B = 0V$。此时二极管 VD_1 和 VD_2 都截止，$V_Y \approx 0V$。

2）$V_A = 0V$，$V_B = 5V$。此时二极管 VD_2 导通，由于钳位作用，$V_Y \approx 5V$，VD_1 受反向电压而截止。

a) 电路　　　　　　b) 逻辑符号

图 8-22　二极管或门

3）$V_A = 5V$，$V_B = 0V$。此时 VD_1 导通，$V_Y \approx 5V$，VD_2 受反向电压而截止。

4）$V_A = V_B = 5V$。此时二极管 VD_1 和 VD_2 都导通，$V_Y = 5V$。

将上述分析结果归纳起来列入表 8-12 中，采用正逻辑，很容易看出它实现的逻辑运算为

$$Y = A + B$$

或逻辑真值表见表 8-13。

表 8-12　或门输入与输出电压的关系

输入		输出
V_A/V	V_B/V	V_Y/V
0	0	0
0	5	5
5	0	5
5	5	5

表 8-13　或逻辑真值表

输入		输出
A	B	Y
0	0	0
0	1	1
1	0	1
1	1	1

同样，可用增加输入端和二极管的方法，构成更多输入端的或门。

2. 晶体管非门电路

图 8-23a 是由晶体管组成的非门电路，图 8-23b 是它的逻辑符号，非门又称反相器。仍设输入信号为5V 或 0V。此电路只有以下两种工作情况：

1）$V_A = 0V$。此时晶体管的发射结电压小于死区电压，满足截止条件，所以管子截止，$V_Y = V_{CC} = 5V$。

a) 电路　　　　　　b) 逻辑符号

图 8-23　晶体管非门

2）$V_A = 5V$。此时晶体管的发射结正偏，管子导通，只要合理选择电路参数，使其满足饱和条件 $I_B > I_{BS}$，则管子工作于饱和状态，有 $V_Y = U_{CES} \approx 0V$（0.3V）。

将上述分析结果列入表 8-14 中，此电路不管采用正逻辑体制还是负逻辑体制，都满足非运算的逻辑关系。非逻辑真值表见表 8-15。

表 8-14　非门输入与输出电压的关系

输入	输出
V_A/V	V_Y/V
0	5
5	0

表 8-15　非逻辑真值表

输入	输出
A	Y
0	1
1	0

8.3.3　TTL 集成逻辑门电路

分立元器件构成的门电路应用时有许多缺点，如体积大、可靠性差等，一般在电子电路中作为补充电路时用到，在数字电路中广泛采用的是 TTL 集成逻辑门电路。TTL 集成逻辑门电路是晶体管逻辑门电路的简称，它是一种双极性晶体管集成电路。

1. TTL 集成逻辑门电路产品系列及型号的命名法

我国 TTL 集成电路目前有 CT54/74（普通）、CT54/74H（高速）、CT54/745（肖特基）、CT54/74LS（低功耗）四个系列，其型号组成符号及意义见表 8-16。

表 8-16　TTL 器件型号组成符号及意义

第 1 部分		第 2 部分		第 3 部分		第 4 部分		第 5 部分	
型号前级		温度范围		器件系列		器件品种		封装形式	
符号	意义	符号	意义	符号	意义	符号	意义	符号	意义
CT	中国制造的 TTL 类	54	−55～125℃	H	高速	阿拉伯数字	器件功能	W	陶瓷扁平
				S	肖特基			B	塑料扁平
				LS	低功耗肖特基			F	全密封扁平
SN	美国 TEXAS 公司产品	74	0～70℃	AS	先进肖特基			D	陶瓷双列直插
				ALS	先进低功耗肖特基			P	塑料双列直插
				FAS	快捷肖特基			J	黑陶瓷双列直插

例如：

- 封装形式：全密封扁平
- 器件品种：3 输入端三与非门
- 器件系列：高速
- 温度范围：0~70℃
- 型号前缀：中国制造的 TTL 器件

2. 常用 TTL 集成逻辑门芯片

74X 系列为标准的 TTL 集成逻辑门系列。表 8-17 列出了几种常用的 74LS 系列集成电路的型号及功能。

表 8-17　常用的 74LS 系列集成电路的型号及功能

型号	逻辑功能	型号	逻辑功能
74LS00	2 输入端四与非门	74LS08	2 输入端四与门
74LS04	六反相器	74LS10	3 输入端三与非门

（续）

型号	逻辑功能	型号	逻辑功能
74LS11	3 输入端三与门	74LS27	3 输入端三或非门
74LS20	4 输入端双与非门	74LS30	8 输入端与门
74LS21	4 输入端双与门	74LS32	2 输入端四或门

下面列出几种常用集成芯片的外围引脚图和逻辑图。

1）74LS08 与门集成芯片。常用的 74LS08 与门集成芯片的内部有四个 2 输入的与门电路，其外围引脚图和逻辑图如图 8-24 所示。

图 8-24　74LS08 外围引脚图和逻辑图

2）74LS00 与非门集成芯片。常用的 74LS00 与非门集成芯片的内部有四个 2 输入的与非门电路，其外围引脚图和逻辑图如图 8-25 所示。

图 8-25　74LS00 外围引脚图和逻辑图

3）74LS02 或非门集成芯片。常用的 74LS02 或非门集成芯片的内部有四个 2 输入的或非门电路，其外围引脚图和逻辑图如图 8-26 所示。

图 8-26　74LS02 外围引脚图和逻辑图

4）74LS04 非门集成芯片。常用的 74LS04 非门集成芯片的内部有六个非门电路，其外围引脚图和逻辑图如图 8-27 所示。

图 8-27　74LS04 外围引脚图和逻辑图

3．TTL 集成电路使用注意事项

（1）电源　TTL 集成电路的电源电压一般不能高于 5.5V，超过该电压，器件可能无法正常工作甚至损坏。

TTL 电路存在电源尖峰电流，要求电源具有较小的内阻和良好的接地线，一般除了在电源输入端接有 50μF 电容的低频滤波外，每隔 5~10 个集成电路，还应接入一个（0.01~0.1）μF 的高频滤波电容。在中规模以上集成电路时或高速电路中，还应适当增加高频滤波器。

（2）输入输出连接　TTL 电路输入端不能直接与高于 5.5V 和低于 -0.5V 的低内阻电源连接，否则会因为有较大电流流入器件而烧毁器件。

输出端不允许与电源或者大地直接连接，否则可能造成器件损坏，但是可以通过电阻与大地相连，提高输出电平。

除了 OC 门（集电极开路的 TTL 与非门）与三态门（三态门在结构上比 TTL 与非门多出了一个使能端，使得三态门有三种状态）以外，TTL 电路输出端不允许并联使用，否则不仅可能使电路逻辑混乱，还可能损坏器件。

（3）空闲输入端的处理　虽然悬空相当于高电平，但是空闲的输入端最好不要悬空，因为悬空容易受到干扰，有时会造成电路误动作。

对于与门、与非门等第一级为与逻辑的 TTL 电路，多余的输入端可以与高电平相连，或者已使用的输入端并联；对于或门、或非门等第一级为或逻辑的 TTL 电路，多余的输入端可以与低电平相连，或者与已使用的输入端并联。

（4）输入端通过电阻接地　TTL 电路输入端通过电阻接地的话，电阻值 R 的大小会直接影响电路所处的状态。当 $R \leqslant 680\Omega$ 时，输入端相当于逻辑"0"；当 $R \geqslant 680\Omega$ 时，输入端相当于逻辑"1"。

TTL 高低电平的概念：

前面经常出现高电平和低电平这组名词，其实这里讲的电平就是电位。在 TTL 电路中，通常规定高电平的额定值为 3V，但从 2V 到 5V 都算高电平；低电平的额定值为 0.3V，但从 0V 到 0.8V 都算低电平。

在数字电路中，经常用逻辑0和逻辑1代表高电平和低电平。我们经常用在真值表中，以便进行逻辑分析。

8.3.4 CMOS 集成逻辑门电路

金属-氧化物场效应晶体管（MOSFET）是场效应晶体管的一种（另一种是结型场效应晶体管），以 MOS 管组成的门电路叫作 MOS 逻辑门电路，就逻辑功能而言，它们与 TTL 逻辑门电路并无区别。在 MOS 电路中，由 NMOS 管组成的集成电路叫 NMOS 电路；由 PMOS 管组成的集成电路叫 PMOS 电路；由 NMOS 和 PMOS 两种管子组成的互补 MOS 电路，即 CMOS 电路，它属于单极型数字集成电路。

1. CMOS 集成门电路的主要特点

（1）功耗低　CMOS 集成电路采用场效应晶体管，且都是互补结构，工作时两个串联的场效应晶体管总是处于一个管导通，另一个管截止的状态，电路静态功耗理论上为零。实际上，由于存在漏电流，CMOS 电路尚有微量静态功耗。单个门电路的功耗典型值仅为 20mW，动态功耗（在 1MHz 工作频率时）也仅为几毫瓦。

（2）工作电压范围宽　CMOS 集成电路供电简单，供电电源体积小，基本上不需稳压。国产 CC4000 系列的集成电路，可在 3～18V 电压下正常工作。

（3）抗干扰能力强　CMOS 集成电路电压噪声容限的典型值为电源电压的 45%，保证值为电源电压的 30%。随着电源电压的增加，噪声容限电压的绝对值将成比例增加。对于 $V_{SS} = 15V$ 的供电电压（当 $V_{SS} = 0V$ 时），电路将有 7V 左右的噪声容限。

（4）输入阻抗高　CMOS 集成电路的输入端一般都是由保护二极管和串联电阻构成的保护网络，故比一般场效应晶体管的输入电阻稍小，但在正常工作电压范围内，这些保护二极管均处于反向偏置状态，直流输入阻抗取决于这些二极管的泄漏电流，通常情况下，其等效输入阻抗高达 $10^3 \sim 10^{11}\Omega$，因此 CMOS 集成电路几乎不消耗驱动电路的功率。

（5）负载驱动能力强　由于 CMOS 集成电路的输入阻抗极高，几乎不从前级取电流，也不会向前级灌电流，当 CMOS 集成电路用来驱动同类型门电路，如不考虑速度，考虑到 MOS 管存在输入电容，一般可以驱动 50 个同类门电路以上。

2. CMOS 集成门电路各种系列及其特点

（1）标准型 CMOS 电路　4000 系列、4500 系列是标准型 CMOS 电路，国产的有 CC4000/4500 系列，国外的有美国 RCA 公司的 CD4000 系列和 CD4500 系列，美国 MO-TOROLA 公司的 MC14000 系列和 MC14500 系列。

（2）高速型 CMOS 电路　54/74HC 系列是高速 CMOS 标准逻辑电路系列，具有与 74LS 系列同等的工作速度和 CMOS 集成电路固有的低功耗及电源电压范围宽等特点。74HC 系列是 74LS 系列同序号的翻版，型号最后几位数字相同，表示电路的逻辑功能、引脚排列完全兼容，为用 74HC 替代 74LS 提供了方便。

74HCT 系列除了引脚与 TTL74 系列兼容外，输入电平也与 TTL 电路相同，输出则是 CMOS 电平，不必经过电平转换，可以直接作为 TTL 器件与 CMOS 器件的中间级。

（3）先进高速型 CMOS 电路　74AC 系列为先进高速型 CMOS 电路，它是一种综合性能最好的 CMOS 产品。54/74AC 系列具有 74AC 系列同等的工作速度和 CMOS 集成电路固有的低功耗及电源电压范围宽等特点。其中 74ACT 系列除了引脚与 TTL74 系列兼容外，输入电平也与 TTL 电路相同，输出则是 CMOS 电平，其工作频率比 74HC 系列的高好几倍。

3．CMOS 集成电路使用注意事项

（1）CMOS 集成电路的安装　为了避免由于静电感应而损坏电路，焊接 CMOS 集成电路所使用的电烙铁必须良好接地，焊接时间不得超过 5s。最好使用 20～25W 内热式电烙铁和 502 环氧助焊剂，必要时可使用插座。

在接通电源的情况下，不应拆装 CMOS 集成电路。凡是与 CMOS 集成电路接触的工序，使用的工作台及地板严禁铺垫高绝缘的板材（如橡胶板、玻璃板、有机玻璃、胶木板等），应在工作台上铺放严格接地的细钢丝网或铜丝网，并经常检查接地可靠性。

（2）CMOS 集成电路的测试　测试时，所有 CMOS 集成电路的仪器、仪表均应良好接地。如果是低内阻信号源，应保证输入信号不超过 CMOS 集成电路的电源电压范围（C×××系列为 7～15V，C4000 系列为 3～18V）。如果输入信号一定要超过 CMOS 集成电路的电源电压范围，则应在输入端加一个限流电阻，使输入电流不超过 1mA，以避免 CMOS 集成电路内部的保护二极管烧毁。

若信号源和 CMOS 集成电路用两组电源，开机时，应先接通 CMOS 集成电路电源，后接通信号源电源。关机时，应先关信号源电源，后关 CMOS 集成电路电源。

（3）CMOS 集成电路的保护措施　因为 CMOS 集成电路输入阻抗极高，随机的静电积累很可能使电路任意两引出端之间的电压超过 MOS 管栅击穿电压，从而引起电路损坏。所以，CMOS 集成电路不用时应把电路的外引脚全部短路，或放在导电的屏蔽容器内，以防被静电击穿。

（4）空闲输入端的处理　CMOS 器件上所有空闲的输入端都不能悬空，这是由于多余输入端容易受到外界噪声干扰，而且输入电位不定，会影响正常的逻辑关系，同时还消耗功率。因此，根据电路逻辑功能需要，依照 TTL 电路处理方式，合理接 V_{DD} 或 V_{SS}，并且要接触良好。

集成电路引脚识别

集成电路引脚排列顺序的标志一般有色点。凹槽、管键及封装压出的圆形痕迹。图 8-28 所示为与非门集成芯片 74LS00 的外形。

对于双列直插集成芯片，引脚识别方法是将集成电路水平放置，引脚向下，标志朝左边，左下角为第一个引脚，然后按逆时针方向数，依次为 2、3、4 等。对于单列直插集成芯片，让引脚向下，标志朝左边，从左下角第一个引脚到最后一个引脚，依次为 1、2、3 等。集成芯片引脚排列识别如图 8-29 所示。

图 8-28　与非门集成芯片 74LS00 的外形

a) 双列直插集成芯片

b) 单列直插集成芯片

图 8-29　集成芯片引脚排列识别

课堂练一练

1. 一个四输入端的与非门，它的输出有几种状态？

2. TTL 与非门多余输入端的一般处理方法是什么？

8.4 组合逻辑电路

数字电路分为组合逻辑电路和时序逻辑电路。组合逻辑电路是数字电路中最简单的一类逻辑电路，其特点是功能上无记忆，即电路任一时刻的输出状态只取决于该时刻各输入状态的组合，而与电路上一时刻的原状态无关。

8.4.1 组合逻辑电路分析

组合逻辑电路分析是指对给定的组合逻辑电路进行分析，确定其逻辑功能的过程。组合逻辑电路分析的过程一般分为四步：

1）根据组合逻辑电路图写出输出端逻辑函数表达式。

2）将逻辑函数表达式化简。

3）根据最简逻辑函数表达式写出真值表。

4）根据逻辑真值表分析其逻辑功能。

【例8-8】 分析图8-30所示逻辑电路的功能。

图 8-30 例 8-8 的组合逻辑电路图

【解】 （1）写出逻辑函数表达式为

$$Y_1 = A \oplus B$$
$$Y = Y_1 \oplus C = A \oplus B \oplus C$$

注意

列写逻辑电路图的表达式关键在于从输入端开始，逐级写出各门电路的输出，直至求出 Y。通常是按照从左往右、从上往下的顺序进行。

（2）逻辑表达式化简得

$$Y = (A\bar{B} + \bar{A}B)\bar{C} + \overline{(A\bar{B} + \bar{A}B)}C = A\bar{B}\bar{C} + \bar{A}B\bar{C} + \overline{(A\bar{B})}\,(\overline{\bar{A}B})C$$
$$= A\bar{B}\bar{C} + \bar{A}B\bar{C} + (\bar{A}+B)(A+\bar{B})C$$
$$= \overline{A}\overline{B}C + \bar{A}B\bar{C} + A\bar{B}\bar{C} + ABC$$

注意

逻辑表达式化简的最终结果是得到最简表达式，最简表达式的形式一般为最简的与或式，例如 $AB + CD$。最简与或式中的与项要最少，而且每个与项中的变量数目也要最少。

（3）列出真值表。将输入 A、B、C 取值的各种组合代入化简后的表达式中，求出输出 Y 的值，由此列出表 8-18 所示的真值表。

表8-18　例8-8 的真值表

输入			输出
A	B	C	Y
0	0	0	0
0	0	1	1
0	1	0	1
0	1	1	0
1	0	0	1
1	0	1	0
1	1	0	0
1	1	1	1

（4）逻辑功能分析。由表8-18 可以看出：在输入 A、B、C 三个变量中，有奇数个 1 时，输出 Y 为 1，否则 Y 为 0。因此，图8-30 所示电路为三位判奇电路，又称奇校验电路。

8.4.2　组合逻辑电路设计

组合逻辑电路设计是指根据给定的逻辑功能设计符合要求的逻辑电路。一般可按如下步骤完成：

1）根据给定的逻辑功能写出真值表。

2）根据真值表写出逻辑函数表达式。

3）将逻辑函数表达式化为最简表达式。

4）根据最简表达式画出组合逻辑电路图。

【例8-9】 设计一个三人表决电路，结果按"少数服从多数"的原则决定。

【解】 1）根据设计要求建立该逻辑函数的真值表。设三人的意见为变量 A、B、C，表决结果为函数 Y。对变量及函数进行如下状态赋值：对于变量 A、B、C，设同意为逻辑"1"；不同意为逻辑"0"。对于函数 Y，设事情通过为逻辑"1"；没通过为逻辑"0"。

列出真值表见表8-19。

表8-19　例8-9 真值表

A	B	C	Y
0	0	0	0
0	0	1	0
0	1	0	0
0	1	1	1
1	0	0	0
1	0	1	1
1	1	0	1
1	1	1	1

2）由真值表写出逻辑表达式为

$$Y = \overline{A}BC + A\overline{B}C + AB\overline{C} + ABC$$

3）化简，即

$$Y = \overline{A}BC + A\overline{B}C + AB\overline{C} + ABC = \overline{A}BC + ABC + A\overline{B}C + ABC + AB\overline{C} + ABC$$

$$= (\overline{A} + A)BC + (\overline{B} + B)AC + (\overline{C} + C)AB$$
$$= BC + AC + AB$$

4）画出组合逻辑电路图，如图 8-31 所示。

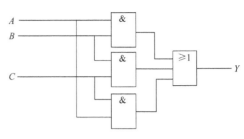

图 8-31 例 8-9 组合逻辑电路图

 归纳

组合逻辑电路的设计是分析的逆过程，解决一个特定的逻辑问题的逻辑电路是多种多样的。在实际设计工作中，如果由于某些原因无法获得某些门电路，则可以通过变换逻辑表达式改变电路，从而能使用其他器件来代替该器件。同时，为了使逻辑电路的设计更简洁，可通过各种方法对逻辑表达式进行化简。在满足逻辑功能和技术要求的基础上，力求使电路简单、经济、可靠。实现组合逻辑电路的途径是多种多样的，可采用基本门电路，也可采用中、大规模集成电路。

【例 8-10】 图 8-32 是一个密码锁控制电路。开锁条件是：拨对密码；钥匙插入锁眼将开关 S 闭合。当两个条件同时满足时，开锁信号为"1"，将锁打开。否则，报警信号为"1"，接通警铃。试分析密码 ABCD 是多少？

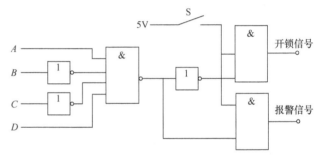

图 8-32 密码锁控制电路

【解】 令开锁信号为 Y，由逻辑图可写出逻辑关系式为

$$Y = S \cdot \overline{\overline{A\,\overline{B}\,\overline{C}D}} = S \cdot A\,\overline{B}\,\overline{C}D$$

当 ABCD = 1001，S = 1 时，锁打开。所以开锁密码是 1001。

课堂练一练

1. 三人表决器如何用与非门实现？试画出电路图。

2. 在某项资格审批程序中，有 A、B、C、D 四个评委进行投票裁定，其中评委 A、B、C 三人的裁定各计一票，而评委 D 的裁定计两票。现在，要求票数超过半数（即大于或者等于三票）才算资格审批通过，否则资格审批不通过。试设计满足要求的组合逻辑电路。

8.5 常用中规模组合逻辑电路

一般来说，小规模集成电路仅是元器件的集成，如集成门电路，而中规模集成电路是相对独立的逻辑部件或功能模块的集成，如译码器、数据选择器等。大规模集成电路则是一个数字系统或几个数字系统的集成。

由于中规模集成电路标准化程度高、通用性强，并且具有体积小、功耗低、可靠性高和易于设计、生产、调试、维护等优点，在工程应用中常被采用。本节主要介绍几种常用的中规模组合逻辑电路，包括编码器、译码器和数据选择器。

8.5.1　编码器

编码器的逻辑功能就是将输入的每一个高、低电平信号编成一个对应的二进制代码，通常有普通编码器和优先编码器两类。在普通编码器中，任何时刻只允许输入一个编码信号，否则将会发生混淆。常用的有二进制编码器和二-十进制编码器。

1. 二进制编码器

二进制只有 0 和 1 两个数码，一位二进制代码只有 0、1 两种状态，只能表示两个信号；两位二进制代码有 00、01、10、11 四种状态，可以表示四个信号；n 位二进制代码有 2^n 种状态，可以表示 2^n 个信号。二进制编码器就是将某种信号编成二进制代码的电路。

例如 4 线-2 线编码器，若 $I_0 \sim I_3$ 为四个输入端，任何时刻只允许一个输入为高电平，Y_1、Y_0 为对应输出信号的编码，则其真值表见表 8-20。

表 8-20　4 线-2 线编码器真值表

输入				输出	
I_3	I_2	I_1	I_0	Y_1	Y_0
0	0	0	1	0	0
0	0	1	0	0	1
0	1	0	0	1	0
1	0	0	0	1	1

由真值表得到逻辑函数表达式为

$$Y_1 = \overline{I_3} I_2 \, \overline{I_1} \, \overline{I_0} + I_3 \, \overline{I_2} \, \overline{I_1} \, \overline{I_0}$$

$$Y_0 = \overline{I_3} \, \overline{I_2} I_1 \, \overline{I_0} + I_3 \, \overline{I_2} \, \overline{I_1} \, \overline{I_0}$$

由此可以画出图 8-33 所示的 4 线-2 线编码器逻辑电路图。

2. 优先编码器

上述编码器虽然比较简单，但当同时有两个或两个以上输入端有信号时，其编码输出将是混乱的。如果编码器能对所有的输入信号规定优先顺序，当多个输入信号同时出现时，只对其中优先级最高的一个进行编码，这种编码器就是优先编码器。常用的优先编码集成器件有 74LS147/74LS148 等。

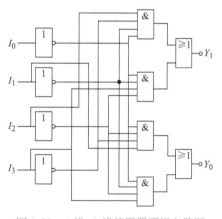

图 8-33　4 线-2 线编码器逻辑电路图

74LS148 是一种常用的 8 线-3 线优先编码器，其外围引脚图及逻辑符号如图 8-34 所示。

74LS148 优先编码器真值表见表 8-21，其中 $\overline{I_0} \sim \overline{I_7}$ 为编码输入端，低电平有效。$\overline{Y_0} \sim \overline{Y_2}$ 为编码输出端，也为低电平有效，即反码输出。其他功能如下：

1）$\overline{S}$ 为选通输入端，低电平有效。

2）优先顺序为 $\overline{I_7} \sim \overline{I_0}$，即 $\overline{I_7}$ 的优先级最高，然后是 $\overline{I_6}$，$\overline{I_5}$，$\cdots$，$\overline{I_0}$。

a) 外围引脚图   b) 逻辑符号

图 8-34 74LS148 外围引脚图及逻辑符号

3）$\overline{Y_{EX}}$ 为编码器的扩展输出端，低电平有效。

4）Y_S 为选通输出端，高电平有效。

表 8-21 74LS148 优先编码器真值表

输入									输出				
$\overline{S}$	$\overline{I_0}$	$\overline{I_1}$	$\overline{I_2}$	$\overline{I_3}$	$\overline{I_4}$	$\overline{I_5}$	$\overline{I_6}$	$\overline{I_7}$	$\overline{Y_2}$	$\overline{Y_1}$	$\overline{Y_0}$	$\overline{Y_{EX}}$	Y_S
1	×	×	×	×	×	×	×	×	1	1	1	1	1
0	1	1	1	1	1	1	1	1	1	1	1	1	0
0	×	×	×	×	×	×	×	0	0	0	0	0	1
0	×	×	×	×	×	×	0	1	0	0	1	0	1
0	×	×	×	×	×	0	1	1	0	1	0	0	1
0	×	×	×	×	0	1	1	1	0	1	1	0	1
0	×	×	×	0	1	1	1	1	1	0	0	0	1
0	×	×	0	1	1	1	1	1	1	0	1	0	1
0	×	0	1	1	1	1	1	1	1	1	0	0	1
0	0	1	1	1	1	1	1	1	1	1	1	0	1

 知识拓展

在常用的优先编码器电路中，除了二进制编码器以外，还有一类二–十进制优先编码器。二–十进制编码器是指用四位二进制代码表示一位十进制的编码电路，也称为 10 线–4 线编码器。它能将 10 个输入信号 $\overline{I_0} \sim \overline{I_9}$ 分别编成 10 个 BCD 代码。在 10 个输入信号中 $\overline{I_9}$ 的优先权最高，$\overline{I_0}$ 的优先权最低，如 TTL 系列中的 10 线–4 线优先编码器 74LS147。

8.5.2 译码器

译码是编码的逆过程。编码是将每一个输入信号编成对应的编码输出，每组编码代表一个输入信号。译码是将输入的编码所代表的特定含义翻译出来。实现译码功能的电路称为译码器。

1. 二进制译码器

假设译码器有 n 个输入信号和 N 个输出信号，如果 $N = 2^n$，就称为全译码器，常见的全译码器有 2 线–4 线译码器、3 线–8 线译码器、4 线–16 线译码器等。如果 $N < 2^n$，则称为部分译码器，如二–十进制译码器（也称为 4 线–10 线译码器）等。

下面以 2 线–4 线译码器为例说明译码器的工作原理和电路结构。

2 线-4 线译码器真值表见表 8-22，其中 $\overline{EI}$ 为使能端，低电平有效；输出 $\overline{Y_0} \sim \overline{Y_3}$ 也为低电平有效。

表 8-22　2 线-4 线译码器真值表

输入			输出			
$\overline{EI}$	A	B	$\overline{Y_0}$	$\overline{Y_1}$	$\overline{Y_2}$	$\overline{Y_3}$
1	×	×	1	1	1	1
0	0	0	0	1	1	1
0	0	1	1	0	1	1
0	1	0	1	1	0	1
0	1	1	1	1	1	0

由表 8-22 可写出各输出函数表达式为

$$\overline{Y_0} = \overline{\overline{EI}\,\overline{A}\,\overline{B}}$$

$$\overline{Y_1} = \overline{\overline{EI}\,\overline{A}\,B}$$

$$\overline{Y_2} = \overline{\overline{EI}\,A\,\overline{B}}$$

$$\overline{Y_3} = \overline{\overline{EI}\,A\,B}$$

由门电路构成的 2 线-4 线译码器的逻辑电路图如图 8-35 所示。

图 8-35　2 线-4 线译码器的逻辑电路图

2. 集成译码器

常用的 TTL 集成译码器有：2 线-4 线译码器（74LS139）——2 个输入变量控制 4 个输出端；3 线-8 线译码器（74LS138）——3 个输入变量控制 8 个输出端；4 线-16 线译码器（74LS154）——4 个输入变量控制 16 个输出端。

74LS138 是一种典型的二进制译码器。74LS138 外围引脚图及逻辑符号如图 8-36 所示，它有 3 个输入端 A_2、A_1、A_0，8 个输出端 $\overline{Y_0} \sim \overline{Y_7}$，所以称为 3 线-8 线译码器，属于全译码

a) 外围引脚图　　　　　　　　　　　b) 逻辑符号

图 8-36　74LS138 外围引脚图及逻辑符号

器。输出为低电平有效，G_1、$\overline{G_{2A}}$和$\overline{G_{2B}}$为使能输入端，芯片功能见表8-23。

表8-23　3线-8线译码器74LS138功能表

输入						输出							
G_1	$\overline{G_{2A}}$	$\overline{G_{2B}}$	A_2	A_1	A_0	$\overline{Y_7}$	$\overline{Y_6}$	$\overline{Y_5}$	$\overline{Y_4}$	$\overline{Y_3}$	$\overline{Y_2}$	$\overline{Y_1}$	$\overline{Y_0}$
×	0	1	×	×	×	1	1	1	1	1	1	1	1
×	1	0	×	×	×	1	1	1	1	1	1	1	1
0	×	×	×	×	×	1	1	1	1	1	1	1	1
1	0	0	0	0	0	1	1	1	1	1	1	1	0
1	0	0	0	0	1	1	1	1	1	1	1	0	1
1	0	0	0	1	0	1	1	1	1	1	0	1	1
1	0	0	0	1	1	1	1	1	1	0	1	1	1
1	0	0	1	0	0	1	1	1	0	1	1	1	1
1	0	0	1	0	1	1	1	0	1	1	1	1	1
1	0	0	1	1	0	1	0	1	1	1	1	1	1
1	0	0	1	1	1	0	1	1	1	1	1	1	1

3. 七段显示译码器

在数字系统中，通常需要将数字量直观地显示出来，一方面供人们直接读取处理结果，另一方面用以监视数字系统的工作情况。因此，数字显示电路是许多数字设备不可缺少的部分。

（1）七段数字显示器　七段数字显示器是目前使用最广泛的一种数码显示器，简称为数码管。这种数码显示器由分布在同一平面的七段可发光的线段组成，可用来显示数字、文字或符号。图8-37表示七段数字显示器利用$a \sim g$不同的发光段组合，显示0~9等数字的图形。

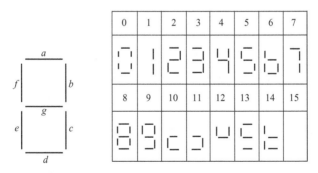

图8-37　七段数字显示器的不同显示组合

数码管按其内部连接方式可分为共阴极和共阳极两类。图8-38a为带小数点的LED数码管引脚排列，共八个笔画端：a、b、c、d、e、f、g组成七段字形，Dp为小数点，com为公共端。图8-38b和图8-38c分别为共阴极和共阳极数码管内部连接方式。

（2）七段显示译码器　在74系列和CMOS4000系列电路中，七段显示译码器品种很多，功能各有差异，现以74LS47/48为例，分析说明显示译码器的功能和应用。

图8-39为74LS48外围引脚图，表8-24为其真值表。74LS47与74LS48的主要区别为输出有效电平不同，74LS47输出低电平有效，可驱动共阳极LED数码管；74LS48输出高电平有效，可驱动共阴极LED数码管。以下分析以74LS48为例。

a) LED 数码管引脚排列   b) 共阴极   c) 共阳极

图 8-38   LED 数码管   图 8-39   74LS48 外围引脚图

1）输入端 $A \sim D$：二进制编码输入。

2）输出端 $a \sim f$：译码字段输出。高电平有效，即 74LS48 必须接共阴极 LED 数码管。

表 8-24   七段显示译码器 74LS48 的功能表

十进制数 或功能	输入						$\overline{BI}/\overline{RBO}$	输出						
	$\overline{LT}$	$\overline{RBI}$	D	C	B	A		a	b	c	d	e	f	g
0	1	1	0	0	0	0	1	1	1	1	1	1	1	0
1	1	×	0	0	0	1	1	0	1	1	0	0	0	0
2	1	×	0	0	1	0	1	1	1	0	1	1	0	1
3	1	×	0	0	1	1	1	1	1	1	1	0	0	1
4	1	×	0	1	0	0	1	0	1	1	0	0	1	1
5	1	×	0	1	0	1	1	1	0	1	1	0	1	1
6	1	×	0	1	1	0	1	0	0	1	1	1	1	1
7	1	×	0	1	1	1	1	1	1	1	0	0	0	0
8	1	×	1	0	0	0	1	1	1	1	1	1	1	1
9	1	×	1	0	0	1	1	1	1	1	0	0	1	1
10	1	×	1	0	1	0	1	0	0	0	1	1	0	1
11	1	×	1	0	1	1	1	0	0	1	1	0	0	1
12	1	×	1	1	0	0	1	0	1	0	0	0	1	1
13	1	×	1	1	0	1	1	1	0	0	1	0	1	1
14	1	×	1	1	1	0	1	0	0	0	1	1	1	1
15	1	×	1	1	1	1	1	0	0	0	0	0	0	0
消隐	×	×	×	×	×	×	0	0	0	0	0	0	0	0
动态灭零	1	0	0	0	0	0	0	0	0	0	0	0	0	0
灯测试	0	×	×	×	×	×	1	1	1	1	1	1	1	1

3）控制端功能如下：

① $\overline{LT}$：灯测试，低电平有效。$\overline{LT}=0$，笔段输出全1，显示字形"8"。该输入端常用于检查74LS48本身及显示器的好坏。

② $\overline{RBI}$：动态灭零输入控制。当$\overline{LT}=1$，$\overline{RBI}=0$，且输入代码$DCBA=0000$时，输出$a\sim g$均为低电平，称为"灭零"。

③ $\overline{BI}/\overline{RBO}$：灭灯输入控制/动态灭零输出，具有双重功能。当此引脚作为输入控制使用时，$\overline{BI}$功能有效。当$\overline{BI}=0$时，无论其他输入端是什么电平，所有输出$a\sim g$均为0，字形熄灭。当此引脚作为输出使用时，$\overline{RBO}$功能有效，此时该引脚在$\overline{LT}=1$，$\overline{RBI}=0$，且输入代码$DCBA=0000$时，$\overline{RBO}=0$，其他情况下$\overline{RBO}=1$。该引脚主要用于显示多位数字时，可使整数高位的无用0和小数低位的无用0不显示。

8.5.3 数据选择器

数据选择器又称多路选择开关（Multiplexer，MUX），其功能是在地址输入信号控制下，选择多个输入数据中的一个传送到输出端，相当于一个单刀多掷开关，如图8-40所示。

常用的产品有：双4选1数据选择器（74LS153）、8选1数据选择器（74LS151）、16选1数据选择器（74LS150）等。图8-41所示为中规模双4选1数据选择器74LS153的逻辑符号和引脚排列图。数据选择器74LS153功能表见表8-25。

图8-40 数据选择器功能示意图　　　图8-41 双4选1数据选择器74LS153

表8-25 双4选1数据选择器74LS153的功能表

地址选择		输入				使能端	输出
A_0	A_1	D_0	D_1	D_2	D_3	$\overline{ST}$	Y
×	×	×	×	×	×	1	0
0	0	0	×	×	×	0	0
0	0	1	×	×	×	0	1
0	1	×	0	×	×	0	0
0	1	×	1	×	×	0	1
1	0	×	×	0	×	0	0
1	0	×	×	1	×	0	1
1	1	×	×	×	0	0	0
1	1	×	×	×	1	0	1

$\overline{ST}$是使能端（又称控制输入端），当$\overline{ST}=1$时，禁止工作，输入数据被封锁，$Y=0$；当$\overline{ST}=0$时，实现4选1功能，由地址输入端决定哪一路输入数据从Y输出。$\overline{ST}$为低电平有效。

技能训练七　三人表决器电路仿真与装配

1. 任务描述
设计一个三人参与的表决器电路，要求当三人中有两人或者两人以上表示同意时，结果成立，绿色LED点亮；否则，结果不成立，红色LED点亮。

2. 仿真电路原理图设计
利用 Protues 8 Professional 仿真软件绘制如图8-42所示电路图。

图8-42　三人表决器电路图

3. 仿真数据记录
在仿真电路图中，依次改变S_1、S_2、S_3的状态，将输出红绿灯的状态记录在表8-26中。

表8-26　三人表决器仿真数据记录表

S_1	S_2	S_3	LED – GREEN	LED – RED
0	0	0		
0	0	1		
0	1	0		

（续）

S_1	S_2	S_3	LED – GREEN	LED – RED
0	1	1		
1	0	0		
1	0	1		
1	1	0		
1	1	1		

4. 电路装配

（1）元器件准备　参考电路配套元器件清单见表8-27所示。

表8-27　三人表决器电路元器件清单

序号	器件编号	名称	型号/规格	数量
1	U_1	2 输入与非门芯片	74LS00	1
2	U_2	3 输入与非门	74LS10	1
3	U_3	6 输入非门	74LS04	1
4	$S_1 \sim S_3$	按钮	—	3
5	$R_1 \sim R_5$	碳膜电阻	1kΩ	5
6	$VD_1 \sim VD_2$	发光二极管	红/绿	2

（2）元器件质量检测　用万用表对各元器件进行检查，对质量不符合要求的元器件给予剔除并更换。

（3）元器件焊接　在万用板上，合理布局元器件，并焊接。

5. 电路调试与功能测试

检验是否满足三人表决器的功能：当任意两个或者两个以上按钮被按下后，绿色 LED 点亮，否则红色点亮。

习 题 八

8-1　填空题

1）在数字电路中，逻辑变量和函数的取值有_____和_____两种可能。

2）数字电路中工作信号的变化在时间和数值上都是_____。

3）十进制数 28 用 8421BCD 码表示，应写为_____。

4）基本逻辑门电路有_____、_____和_____三种。

5）若要对 50 个对象进行编码，则要求编码器的输出二进制代码位数是_____位。

6）二进制译码器的输入端有 4 个，则输出端有_____个。

7）当 74LS138 的输入端 $G_1 = 1$，$G_{2A} = G_{2B} = 0$，$A_2 A_1 A_0 = 101$ 时，输出端_____为零。

8-2　完成下列转换：

1）$(234)_{10} = ($ 　　$)_{16} = ($ 　　$)_{BCD}$

2）$(110111)_2 = ($ 　　$)_{10} = ($ 　　$)_{16}$

3）$(4A7)_{16} = ($ 　　$)_2 = ($ 　　$)_{10}$

8-3 利用真值表证明下列等式。

1）$A\bar{B} + \bar{A}B = (\bar{A} + \bar{B})(A + B)$

2）$A\bar{B} + B\bar{C} + C\bar{A} = \bar{A}B + \bar{B}C + \bar{C}A$

8-4 将下列逻辑函数化简。

1）$Y = \bar{A}\bar{B}C + \bar{A}BC + AB\bar{C} + ABC$

2）$Y = \bar{A} + \bar{B} + \bar{C} + ABC$

8-5 写出图 8-43 所示两图的逻辑表达式。

8-6 已知逻辑函数的真值表见表 8-28，试写出对应的逻辑函数式。

8-7 已知某组合电路的输入 A、B、C 和输出 Y 的波形如图 8-44 所示，试写出 Y 的最简与或表达式。

图 8-43 习题 8-5 图

表 8-28 题 8-6 真值表

A	B	C	Y
0	0	0	0
0	0	1	1
0	1	0	1
0	1	1	0
1	0	0	1
1	0	1	0
1	1	0	0
1	1	1	0

图 8-44 习题 8-7 图

8-8 由与非门构成的某表决电路如图 8-45 所示。其中 A、B、C、D 表示四个人，$Y = 1$ 时表示决议通过。

1）试分析电路，说明决议通过的情况有几种。

2）分析 A、B、C、D 四个人中，谁的权重最大。

8-9 分析图 8-46 所示组合逻辑电路的逻辑功能。

图 8-45 习题 8-8 图

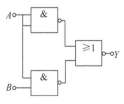

图 8-46 习题 8-9 图

8-10 用红、黄、绿三个指示灯表示三台设备的工作状况：绿灯亮表示设备全部正常，黄灯亮表示有一台设备不正常，红灯亮表示有两台设备不正常，红、黄灯都亮表示三台设备都不正常。试列出控制电路的真值表，并先用合适的门电路加以实现。

8-11 由译码器74LS138和门电路组成的电路如图8-47所示，试写出 L_1、L_2 的最简表达式。

8-12 图8-48是一密码锁控制电路。开锁条件是：拨对密码；钥匙插入锁眼将开关 S 闭合。当两个条件同时满足时，开锁信号为1，将锁打开。否则报警信号为1，接通警铃。试分析密码 $ABCD$ 是多少？

图8-47 习题8-11图

图8-48 习题8-12图

第9章

时序逻辑电路

学习目标 ◀◀

◇ 了解时序逻辑电路的基本概念和特点。

◇ 掌握几种常用触发器的基本结构、工作原理和逻辑功能。

◇ 了解寄存器的工作原理。

◇ 掌握集成计数器的逻辑功能。

◇ 熟悉555定时器的使用方法。

内容引入 ◀◀

在生活中经常可以看到许多数字显示屏，如篮球计分器（见图9-1）、倒计时显示牌等，这些显示屏的工作要用到接下来学习的时序逻辑电路。

图 9-1　篮球计分器与倒计时显示牌

9.1　触发器

数字电路中，除组合逻辑电路外，还有一类逻辑电路称为时序逻辑电路。组合逻辑电路的输出只与该时刻的输入有关，而时序逻辑电路的输出除了与该时刻的输入有关外，还与电路前一时刻的输出有关。时序逻辑电路具有记忆功能，这类电路一般由门电路和触发器组成。

触发器是构成时序逻辑电路的基本逻辑部件，具有记忆（存储）功能，它有以下特点：

1）有两个稳定状态（稳态）——0态和1态。

2）在适当的输入信号（触发信号）作用下，可从一个稳态转变到另一个稳态，并在输入信号消失后，保持更新后的状态。

触发器按有无时钟脉冲分为基本触发器、时钟触发器；按逻辑功能不同分为 RS 触发器、JK 触发器、D 触发器、T 触发器等。

9.1.1　RS 触发器

1. 基本 RS 触发器

（1）电路组成　基本 RS 触发器由 G_1 和 G_2 两个与非门交叉连接组成。基本 RS 触发器的逻辑电路及逻辑符号如图9-2所示，该图中的基本 RS 触发器为低电平触发。

触发器有两个输入端 $\overline{R}$ 和 $\overline{S}$，$\overline{R}$ 和 $\overline{S}$ 上面的 "－"（非）号，表示触发器输入信号低电平

有效。触发器有两个输出端 Q 和 $\overline{Q}$。在正常情况下，这两个输出端总是逻辑互补的，一个为0时，另一个为1。当 $Q=1$、$\overline{Q}=0$ 时，称触发器状态为 1 状态；当 $Q=0$、$\overline{Q}=1$ 时，称触发器状态为 0 状态。

图 9-2　基本 RS 触发器的逻辑电路及逻辑符号

（2）逻辑功能

1）$\overline{R}=0$，$\overline{S}=1$。此时 G_1 因输入端有0，$\overline{Q}=1$；G_2 的两个输入端全是1，$Q=0$。触发器状态为 0 状态。

RS触发器

2）$\overline{S}=0$，$\overline{R}=1$。此时 G_2 因输入端有0，$Q=1$；G_1 的两个输入端全是1，$\overline{Q}=0$。触发器状态为 1 状态。

3）$\overline{R}=\overline{S}=1$。假设触发器原来处于 0 状态，因为 $Q=0$，G_1 输入端有0，则 $\overline{Q}$ 输出为1；而 G_2 输入端全为1，使得 G_2 输出为0，触发器的状态为0，保持原状态不变。若触发器原来处于 1 状态，因为 $\overline{Q}=0$，G_2 输入端有0，则 Q 输出为1；G_1 输入端全为1，使得 G_1 输出为0，触发器的状态为1，保持原状态不变。

由以上分析可以看出，$\overline{R}=\overline{S}=1$ 时触发器状态保持原状态不变。这也说明基本 RS 触发器具有记忆功能。

4）$\overline{S}=0$、$\overline{R}=0$。由于门 G_1、G_2 的输入中均有0，$Q=\overline{Q}=1$，破坏了 Q 和 $\overline{Q}$ 的逻辑互补性，当两个输入信号同时消失后，触发器的状态将是不确定的，这种情况应在使用中禁止出现。

可以看出，基本 RS 触发器有两个稳态（0 状态和 1 状态），所谓稳态是指 0 状态或 1 状态出现以后，即使撤销输入，触发器输出状态也不变，除非有新的输入引起输出的变化。

（3）逻辑功能表　基本 RS 触发器的简化真值表见表9-1，表中 Q^n 表示触发器现在的状态（称为现态）；Q^{n+1} 表示触发器在输入信号和现有输出状态的情况下电路将要出现的新的状态（称为次态）。

当 $\overline{R}$ 端加低电平信号时，触发器为 0 态（$Q=0$），所以将 $\overline{R}$ 端称为置 0 端或复位端。当 $\overline{S}$ 端加低电平信号时，触发器为 1 态（$Q=1$），所以将 $\overline{S}$ 端称为置 1 端或置位端。触发器在外加信号的作用下，状态发生了转换，称为翻转，外加的信号称为触发脉冲。

表 9-1　基本 RS 触发器的简化真值表

$\overline{S}$	$\overline{R}$	Q^{n+1}	功能说明
0	0	×	不定，应禁止出现
0	1	1	置 1
1	0	0	置 0
1	1	Q^n	保持

（4）状态方程　状态方程以表达式的形式描述触发器的逻辑功能，可由真值表得到。

基本 RS 触发器的状态方程为

$$\begin{cases} Q^{n+1} = S + \bar{R}Q^n \\ \bar{R} + \bar{S} = 1 \end{cases}$$

其中 $\bar{R} + \bar{S} = 1$ 为约束条件，表示 $\bar{S}$、$\bar{R}$ 不能同时为 0，是为了避免触发器出现不确定状态而给输入信号规定的限制条件。

基本 RS 触发器主要用于消除机械开关触点抖动对电路的干扰。如果开关按下后触发器有输出，对于触发器来说即使撤销输入，触发器输出状态仍然不变，所以，尽管机械触点可能在抖动，但触发器的输出状态仍保持不变，有效防止了干扰。

2. 同步 RS 触发器

基本 RS 触发器的动作特点是当输入端的置 0 或置 1 信号出现时，输出状态就可能随之发生变化，触发器状态的转换没有统一的节拍。这不仅使电路的抗干扰能力下降，而且也不便于多个触发器同步工作。为此，必须引入同步信号，使这些触发器只有在同步信号到达时才按输入信号改变它的输出状态。同步信号又称时钟信号，用 C（或 CP）表示，受时钟控制的触发器称为同步触发器。同步 RS 触发器有两种类型的输入信号：一种是决定其输出状态的信号；另一种是决定同步 RS 触发器何时动作的时钟脉冲信号。

（1）电路组成　图 9-3 所示为同步 RS 触发器的逻辑电路和逻辑符号。可以看出：同步 RS 触发器由基本 RS 触发器和用来引入 R、S 信号及时钟 CP 信号的两个与非门构成，R、S、CP 输入端均无小圆圈，表示高电平触发。

a) 逻辑电路　　　　　　b) 逻辑符号

图 9-3　同步 RS 触发器的逻辑电路和逻辑符号

（2）逻辑功能　同步 RS 触发器的动作是由时钟脉冲 CP 控制的。由图 9-3 所示电路可知，在 $CP = 0$ 期间，因 $\bar{R} = \bar{S} = 1$，触发器状态保持不变。在 $CP = 1$ 期间，R 和 S 端信号经与非门取反后输入到触发器的 $\bar{R}$、$\bar{S}$ 端，其输入与输出的关系为：

1）当 $R = S = 0$ 时，触发器保持原来状态不变。

2）当 $R = 1$，$S = 0$ 时，触发器被置为 0 状态。

3）当 $R = 0$，$S = 1$ 时，触发器被置为 1 状态。

4）当 $R = S = 1$ 时，触发器的输出 $Q = \bar{Q} = 1$，当 R 和 S 同时返回 0（或 CP 从 1 变为 0）时，触发器将处于不定状态，这种情况应该禁止。

（3）真值表 根据以上分析，可以列出触发器的状态转换真值表，见表9-2。

表9-2 同步 RS 触发器的状态转换真值表

CP	S	R	Q^{n+1}	功能
0	×	×	Q^n	保持
1	0	0	Q^n	保持
1	0	1	0	置0
1	1	0	1	置1
1	1	1	×	不定，应禁止出现

（4）状态方程 同步 RS 触发器的状态方程为

$$\begin{cases} Q^{n+1} = S + \overline{R}Q^n & CP = 1 \\ RS = 0 \end{cases}$$

这个状态方程反映了在 CP 作用下，同步 RS 触发器的次态 Q^{n+1} 和输入 R、S 及现态 Q^n 之间的关系，同时给出了约束条件。

同步 RS 触发器的特点是在 $CP = 1$ 的全部时间里，R 和 S 的变化均将引起触发器输出端状态的改变。由此可见，在 $CP = 1$ 期间，输入信号的多次变化，都会引起触发器也随之发生多次变化，这种现象称为空翻。空翻会造成逻辑上的混乱，使电路无法正常工作。为了克服这一缺点，常采用功能更完善的 JK 触发器或 D 触发器。

3. 集成 RS 触发器

常用的 TTL 集成 RS 触发器 74LS279 的引脚排列和逻辑图如图 9-4a、b 所示，芯片内部集成了 4 个基本 RS 触发器。其中有 2 个基本 RS 触发器，有 2 个置位端，如图 9-4c 所示。简化后的逻辑电路如图 9-4d 所示，图中，$\overline{S} = \overline{S_A} \cdot \overline{S_B}$。

a) 逻辑图　　　　　　　b) 引脚排列　　　　　　　c) 逻辑电路

d) 简化逻辑电路

图 9-4　TTL 集成 RS 触发器 74LS279

小提示

同步 RS 触发器可以构成多功能的其他触发器，如主从 RS 触发器、主从 JK 触发器、主从 D 触发器等，由于这些触发器或多或少存在一些缺点，目前大多采用性能优良的边沿触发器。边沿触发器的特点是：只有当 CP 处于某个边沿（下降沿或上升沿）的瞬间，触发器的输出状态才取决于此时刻的输入信号状态，而其他时刻触发器均保持原来状态，这就避免了其他时间干扰信号对触发器的影响，因此边沿触发器的抗干扰能力最强。

9.1.2　JK 触发器

JK触发器

1. 同步 JK 触发器

（1）逻辑符号　同步 JK 触发器的逻辑电路和逻辑符号如图 9-5 所示。

a) 逻辑电路　　　　　　　　　　　　　　b) 逻辑符号

图 9-5　同步 JK 触发器的逻辑电路和逻辑符号

（2）真值表　同步 JK 触发器的状态转换真值表见表 9-3。

表 9-3　同步 JK 触发器的状态转换真值表

CP	J	K	Q^{n+1}	功能
0	×	×	Q^n	保持
1	0	0	Q^n	保持
1	0	1	0	置0
1	1	0	1	置1
1	1	1	$\overline{Q^n}$	翻转

（3）逻辑功能　同步 JK 触发器的逻辑功能为：

1）$CP = 0$ 时，同步 JK 触发器保持原来的状态不变。

2）$CP = 1$ 期间，$J = K = 0$ 时，Q^{n+1} 为原状态 Q^n，保持不变。

3）$CP = 1$ 期间，J 与 K 状态相反时，Q^{n+1} 的状态与 J 有关。当 $J = 1$ 时，$Q^{n+1} = 1$；当 $J = 0$ 时，$Q^{n+1} = 0$。

4）$CP = 1$ 期间，$J = K = 1$ 时，Q^{n+1} 与原状态 Q^n 相反，即 $Q^n = 0$ 时 $Q^{n+1} = 1$，$Q^n = 1$ 时 $Q^{n+1} = 0$。

（4）状态方程　由同步 JK 触发器的状态转换真值表可得出同步 JK 触发器的逻辑函数表达式为

$$Q^{n+1} = J\,\overline{Q^n} + \overline{K}Q^n \qquad CP = 1$$

该逻辑函数表达式即同步 JK 触发器的状态方程。

2. 边沿 JK 触发器

实际工作中常用边沿触发器。边沿触发器是指在 CP 脉冲上升沿（或下降沿）触发的触发器。在 CP 脉冲上升沿触发的触发器称为正边沿触发器，在 CP 脉冲下降沿触发的触发器称为负边沿触发器。边沿触发器的工作特点是触发器只在时钟脉冲 CP 的上升沿（或下降沿）工作，其他时刻触发器处于保持状态。

（1）逻辑符号　边沿 JK 触发器的逻辑符号如图9-6所示。图中时钟输入端的小三角表示边沿触发方式，输入端的小圆圈表示下降沿触发。$\overline{S_d}$、$\overline{R_d}$ 为异步直接置1端和异步直接置0端。当 $\overline{S_d}=0$，$\overline{R_d}=1$ 时，触发器输出为1；当 $\overline{R_d}=0$，

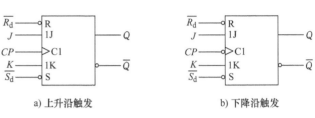

a) 上升沿触发　　　b) 下降沿触发

图9-6　边沿 JK 触发器的逻辑符号

$\overline{S_d}=1$ 时，触发器输出为0；当 $\overline{S_d}=\overline{R_d}=1$ 时，触发器按 JK 方式正常工作。

（2）真值表　边沿（下降沿）JK 触发器的状态转换真值表见表9-4。

表9-4　边沿（下降沿）JK 触发器的状态转换真值表

$\overline{R_d}$	$\overline{S_d}$	CP	J	K	Q^{n+1}	功能
0	0	×	×	×	×	禁用
0	1	×	×	×	0	异步置0
1	0	×	×	×	1	异步置1
1	1	↓	0	0	Q^n	保持
1	1	↓	0	1	0	置0
1	1	↓	1	0	1	置1
1	1	↓	1	1	$\overline{Q^n}$	翻转

（3）状态方程　从表9-4可以看出，边沿 JK 触发器与同步 JK 触发器的区别在于前者在边沿触发。边沿 JK 触发器的状态方程与同步 JK 触发器类似，即

$$Q^{n+1}=J\,\overline{Q^n}+\overline{K}Q^n \qquad CP=\downarrow$$

3. 集成 JK 触发器

常用的集成 JK 触发器74LS112的引脚排列如图9-7所示。它是双 JK 边沿触发器，内部包含两个 JK 边沿触发器。74LS112的状态转换真值表参见表9-4。

图9-7　74LS112的引脚排列

9.1.3　D 触发器

1. 边沿 D 触发器

（1）逻辑符号　边沿 D 触发器的逻辑符号如图9-8所示，它只有一个输入端 D。

（2）真值表　边沿（上升沿）D 触发器的状态转换真值表见表9-5。

表 9-5　边沿（上升沿）D 触发器的状态转换真值表

CP	D	Q^{n+1}	说明
↑	0	0	置 0
↑	1	1	置 1

（3）状态方程　由边沿 D 触发器的状态转换真值表可得边沿 D 触发器的状态方程为

$$Q^{n+1} = D \qquad CP = ↑$$

2. 集成 D 触发器

集成 D 触发器 74LS74 的引脚排列如图 9-9 所示。

a) 上升沿　　　b) 下降沿

图 9-8　边沿 D 触发器的逻辑符号

图 9-9　74LS74 的引脚排列

74LS74 的状态转换逻辑功能表见表 9-6。

表 9-6　74LS74 的状态转换逻辑功能表

$\overline{R_d}$	$\overline{S_d}$	CP	D	Q^{n+1}	功能说明
0	0	×	×	×	禁用
0	1	×	×	0	异步置 0
1	0	×	×	1	异步置 1
1	1	↑	0	0	置 0
1	1	↑	1	1	置 1

由状态转换真值表可以看出，74LS74 是 CP 上升沿触发的边沿 D 触发器，$\overline{R_d} = 0$，$\overline{S_d} = 1$ 时置 0；$\overline{R_d} = 1$，$\overline{S_d} = 0$ 时置 1。

图 9-10 是利用 74LS74 构成的单按钮电子转换开关，该电路只利用一个按钮即可实现电路的接通和断开。电路中，74LS74 的 D 端和 $\overline{Q}$ 端连接，这样有 $Q^{n+1} = \overline{Q^n}$，则每按一次按钮 SB，相当于为触发器提供一个时钟脉冲，触发器状态翻转一次。Q 端经晶体管 VT 驱动继电器 KA，利用 KA 的触点转换即可通断其他电路。

图 9-10　利用 74LS74 构成的电子转换开关

触发器的应用——抢答器电路

抢答器电路如图 9-11 所示。74LS175 是集成四 D 触发器，芯片内部有四个 D 触发器，四个触发器共用一个清零端 R。

开始抢答之前，主持人先清零，集成触发器 74LS175 的四个输出均为 0，抢答指示灯全暗，同时晶体管基极为低电平，晶体管截止，蜂鸣器不发出声音。

开始抢答，以Ⓐ先抢答为例来说明工作过程。Ⓐ先按下抢答键，$1D = 1$，

图 9-11 抢答器电路

则 $1Q = 1$，对应抢答指示灯亮；同时 $\overline{1Q} = 0$，四输入与门输出 0，产生两个结果：其一，非门输出 1，晶体管基极为高电平，晶体管导通，蜂鸣器响，告诉大家有人抢答；其二，二输入与门输出 0，使时钟脉冲 CP 为 0，此时其他选手再按抢答键也无效，封锁其他选手。

作答完毕，主持人将再次清零，准备下次抢答。

寄存器

9.2 寄存器

在数字电路中，用来存放二进制数据或代码的电路称为寄存器。数字系统中需要处理的数据都要用寄存器存储起来，以便随时取用。寄存器由具有存储功能的触发器组成，一个触发器可以存储 1 位二进制数，欲存放 n 位二进制数则需要 n 个触发器。

寄存器按功能可以分为数据寄存器和移位寄存器。

9.2.1 数据寄存器

图 9-12 是由 D 触发器组成的 4 位数据寄存器，D 触发器为上升沿触发，4 个时钟脉冲输入端连接在一起。可以看出，D_0、D_1、D_2、D_3 是数据输入端，Q_0、Q_1、Q_2、Q_3 是数据输出端。如果数据输入

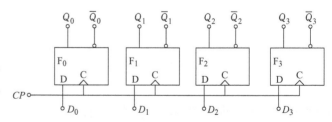

图 9-12 D 触发器组成的 4 位数据寄存器

端加载有需要寄存的数据，在时钟脉冲的上升沿到来时输入的数据将出现在输出端。以后只要时钟脉冲不出现，数据将一直保持不变。

寄存器保存的数据可随时从输出端取用。需要寄存新的数据时，将新的数据加载在输入端并提供一个时钟脉冲便可完成。

数据寄存器输入数据时要将 4 位数据同时加载到输入端，读取数据寄存器数据时也要将输出端的 4 位数据同时读出。这种数据同时输入、同时输出的数据处理方式称为并行输入、并行输出。

9.2.2　移位寄存器

在进行算术运算和逻辑运算时，常需要将某些数据向左或向右移位，这种具有存放数据并使数据左右移位功能的电路称为移位寄存器。移位寄存器可分为单向移位寄存器和双向移位寄存器两种，按数据移动的方向可分为右移移位寄存器和左移移位寄存器。图 9-13 所示是由 D 触发器组成的 4 位右移移位寄存器，逻辑电路的数据只能由输入端 D_1 一位一位输入，这种输入方式称为串行输入。输出端为 Q_0、Q_1、Q_2、Q_3，数据输出时既可以 Q_0、Q_1、Q_2、Q_3 同时输出（称为并行输出），也可以由 Q_3 端一位一位输出（称为串行输出）。

图 9-13　D 触发器组成的 4 位右移移位寄存器

假设电路的初始状态 $Q_3Q_2Q_1Q_0$ 为 0000，从 D_i 输入的数据为 1011。根据 D 触发器的工作特点，在时钟脉冲作用下电路工作过程如下：

1）第一个 CP 上升沿到来时触发器同时翻转，输出端 $Q_3Q_2Q_1Q_0$ 的状态为 0001。

2）第二个 CP 上升沿到来时触发器同时翻转，输出端 $Q_3Q_2Q_1Q_0$ 的状态为 0010。

3）第三个 CP 上升沿到来时触发器同时翻转，输出端 $Q_3Q_2Q_1Q_0$ 的状态为 0101。

4）第四个 CP 上升沿到来时触发器同时翻转，输出端 $Q_3Q_2Q_1Q_0$ 的状态为 1011。

四个脉冲过后，移位寄存器的输出端为 1011。此时如果要并行输出，只需将数据从输出端 $Q_3Q_2Q_1Q_0$ 将数据取走。如果需要串行输出，则要再输入四个脉冲，数据将一位一位从 Q_3 输出。4 位右移移位寄存器的状态转换真值表见表 9-7，通过状态转换真值表可以清楚了解数据移位的过程。

表 9-7　4 位右移移位寄存器的状态转换真值表

时钟	输入	现态				次态			
CP	D	Q_0^n	Q_1^n	Q_2^n	Q_3^n	Q_0^{n+1}	Q_1^{n+1}	Q_2^{n+1}	Q_3^{n+1}
↑	1	0	0	0	0	1	0	0	0
↑	0	1	0	0	0	0	1	0	0
↑	1	0	1	0	0	1	0	1	0
↑	1	0	1	0	1	1	1	0	1

9.2.3　集成双向移位寄存器

在电子计算机运算系统中，常需要寄存器中的数据既能左移、又能右移，具有双向移位功能的寄存器称为双向移位寄存器。

图 9-14 为 4 位双向移位寄存器 74LS194 的逻辑符号及外围引脚，其中 $\overline{CR}$ 为清零端，$D_3 \sim D_0$ 为并行数据输入端，$Q_3 \sim Q_0$ 为并行数据输出端；D_{SR} 为右移串行数据输入端，D_{SL} 为左移串行数据输入端。可见，数据的输入和输出均有串行和并行两种方式。M_1 和 M_0 为工作方式控制端，M_1M_0 的四种取值（00、01、10、11）决定了寄存器的逻辑功能，分别对应保持、右移、左移和数据并行输入。

74LS194 的功用表见表 9-8。

a) 逻辑符号　　　　　b) 外围引脚

图 9-14　双向移位寄存器 74LS194

表 9-8　74LS194 功用表

$\overline{CR}$	M_1	M_0	CP	功能
0	×	×	×	清0
1	0	0	×	保持
1	0	1	↑	右移
1	1	0	↑	左移
1	1	1	↑	数据并行输入

半导体存储器

半导体存储器（Semi-Conductor Memory）是一种以半导体电路作为存储媒体的存储器，它将信息存储在触发器或集成电路内部的电容器中。

根据其存储数据的方式不同，可分为随机存储器（RAM）和只读存储器（ROM）两大类。RAM（随机存储器）可分为静态 RAM（SRAM）和动态 RAM（DRAM）两种：SRAM 将信息存储在触发器中，是能够长期保留数据的存储器（只要不断开电源）；而 DRAM 将信息存储在电容器中，由于电容器最终会失去电荷，故必须进行周期性的更新（Refresh）。

ROM（只读存储器）是一种以永久或半永久形式被预写的存储器，它们不是在正常工作期间被写入的。ROM 的内容一旦写入，就无法再将它改变或删除，它是非易失的，根据不同的写入方式分成以下几种。

（1）掩膜 ROM　掩膜 ROM 存储的信息是由生产厂家根据用户的要求，在生产过程中采用掩膜工艺（即光刻图形技术）一次性直接写入的。掩膜 ROM 一旦制成后，其内容不能再改写，因此它只适合于存储永久性保存的程序和数据。

（2）PROM　PROM（Programmable ROM）为一次编程 ROM。它的编程逻辑器件靠存储单元中熔丝的断开与接通来表示存储的信息。当熔丝被烧断时，表示信息"0"；当熔丝接通时，表示信息"1"。由于存储单元的熔丝一旦被烧断就不能恢复，因此 PROM 存储的信息只能写入一次，不能擦除和改写。

（3）EPROM　EPROM（Erasable Programmable ROM）是一种紫外线可擦除可编程 ROM。写入信息是在专用编程器上实现的，具有能多次改写的功能。EPROM 芯片的上方有一个石英玻璃窗口，当需要改写时，将它放在紫外线下照射 15～20min 便可擦除信息。

（4）EEPROM　EEPROM 也称为 E^2PROM（Electrically Erasable Programmable ROM），是一种电可擦除可编程 ROM。它是一种在线（或称在系统，即不用拔下来）可擦除可编程只读存储器。它能像 RAM 那样随机地进行改写，又能像 ROM 那样在掉电的情况下使所保存的信息不丢失，即 EEPROM 兼有 RAM 和 ROM 的双重功能特点。又因为它的改写不需要使用专用编程设备，只需在指定的引脚加上合适的电压（如 5V）即可进行在线擦除和改写，使用起来更加方便灵活。

（5）闪速存储器　闪速存储器（Flash Memory）简称 Flash 或闪存。它与 EEPROM 类似，也是一种电擦写型 ROM。它与 EEPROM 的主要区别是：EEPROM 是按字节擦写，速度慢；而闪存是按块擦写，速度快，一般在 65～170ns 之间。Flash 是近年来发展非常快的一种新型半导体存储器。由于它具有在线电擦写、低功耗、大容量、擦写速度快的特点，同时还具有与 DRAM 等同的低价位、低成本的优势，因此受到广大用户的青睐。目前，Flash 在微机系统、嵌入式系统和智能仪器仪表等领域得到了广泛的应用。

课堂练一练

1. 只用来存放数据，一般仅有接收、保持并清除原有数据等功能的寄存器是_____。
2. 数据寄存器主要由_____和_____组成。
3. 移位寄存器除具有存放数据的功能外，还具有_____的功能。

9.3　计数器

计数器

在数字电路中，能对输入脉冲个数计数的电路称为计数器。计数器不仅能用于计数，还可用于定时、分频和程序控制等。按 CP 脉冲输入方式的不同，可将计数器分为同步计数器和异步计数器。如果组成计数器的若干个触发器受控于同一个 CP 脉冲，触发器将同时动作，这种计数器称为同步计数器。如果组成计数器的若干个触发器不是受控于同一个 CP 脉冲，即触发器不同时动作，这种计数器称为异步计数器。组成异步计数器的触发器由于不是共用同一个 CP 脉冲，其中有的触发器可以用其他触发器的输出作为时钟脉冲。

计数器按计数长度分有二进制计数器、十进制计数器和 N 进制计数器；按计数方式分有加法计数器、减法计数器和可逆计数器。

9.3.1　集成同步加法计数器

图 9-15 是集成二进制同步加法计数器 74LS161 的逻辑符号和引脚排列图。74LS161 的功用表见表 9-9。

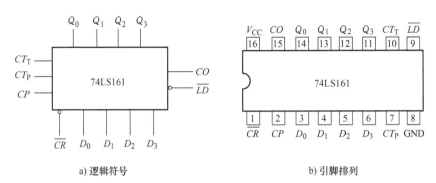

a) 逻辑符号   b) 引脚排列

图 9-15 74LS161 的逻辑符号图和引脚排列图

表 9-9 74LS161 的功用表

清零	预置	使能		时钟	预置数据输入				输出				工作模式
$\overline{CR}$	$\overline{LD}$	CT_P	CT_T	CP	D_3	D_2	D_1	D_0	Q_3	Q_2	Q_1	Q_0	
0	×	×	×	×	×	×	×	×	0	0	0	0	异步清零
1	0	×	×	↑	d_3	d_2	d_1	d_0	d_3	d_2	d_1	d_0	同步置数
1	1	1	1	↑	×	×	×	×		计数			同步计数
1	1	0	×	×	×	×	×	×		保持			数据保持
1	1	×	0	0	×	×	×	×		保持			数据保持

由功用表可以看出 74LS161 的逻辑功能如下：

（1）异步清零功能 当 $\overline{CR} = 0$ 时，不管其他输入信号为何状态，计数器输出清零。由于清零与 CP 无关，所以称为异步清零。

（2）同步置数功能 当 $\overline{CR} = 1$、$\overline{LD} = 0$ 时，在 CP 的上升沿，不管其他输入信号为何状态，将输入端 D_3、D_2、D_1、D_0 的数据传送给输出端，使 $Q_3Q_2Q_1Q_0 = D_3D_2D_1D_0$。置数功能可以为计数器设置初始值。所谓同步，是指置数与 CP 的上升沿同步。

（3）数据保持功能 当 $\overline{CR} = 1$、$\overline{LD} = 1$、$CT_P CT_T = 0$（即 CT_P 或 CT_T 中至少有一个为 0）时，无论 CP 状态如何，计数器处于保持状态，计数器的输出数据不变。

（4）同步计数功能 当 $\overline{CR} = 1$、$\overline{LD} = 1$、$CT_P CT_T = 1$ 时，计数器处于计数状态。此时计数器对时钟脉冲进行同步二进制计数，输入端的数据无效。

输出端 $CO = CT_T \cdot Q_3Q_2Q_1Q_0$，当计数至 $Q_3Q_2Q_1Q_0 = 1111$，且 $CT_T = 1$ 时输出端 $CO = 1$，产生进位。

9.3.2 集成异步加法计数器

图 9-16 是集成异步二进制加法计数器 74LS197 的逻辑符号和引脚排列图。74LS197 的功用表见表 9-10。

a) 逻辑符号   b) 引脚排列

图 9-16 74LS197 的逻辑符号图和引脚排列图

表 9-10 74LS197 的功用表

清零	计数/置置	时钟		预置数据输入				输出				工作模式
$\overline{CR}$	$CT/\overline{LD}$	CP_0	CP_1	D_3	D_2	D_1	D_0	Q_3	Q_2	Q_1	Q_0	
0	×	×	×	×	×	×	×	0	0	0	0	异步清零
1	0	×	×	d_3	d_2	d_1	d_0	d_3	d_2	d_1	d_0	异步置数
1	1	↓	Q_0	×	×	×	×	4 位二进制计数				异步计数
1	1	×	↓	×	×	×	×	3 位二进制计数				异步计数
1	1	↓	×	×	×	×	×	1 位二进制计数				异步计数

74LS197 的逻辑功能如下：

（1）异步清零功能 当 $\overline{CR}=0$ 时，不管时钟端 CP_0、CP_1 状态如何，都将计数器输出端清零。

（2）计数/置置功能 当计数/置置端 $CT/\overline{LD}=0$ 时，不管时钟端 CP_0、CP_1 状态如何，将输入端 D_3、D_2、D_1、D_0 的数据传送给输出端。当计数/置置端 $CT/\overline{LD}=1$ 时，在时钟端 CP_0、CP_1 下降沿作用下进行计数操作。

（3）异步计数功能 当 $\overline{CR}=CT/\overline{LD}=1$ 时，可进行异步加法计数。若将输入时钟脉冲 CP 加在 CP_0 端，将 Q_0 与 CP_1 相连，则构成 4 位二进制即 16 进制异步加法计数器。若将输入时钟脉冲 CP 加在 CP_1 端，则构成 3 位二进制即 8 进制计数器，Q_0 可独立使用。如果只将输入时钟脉冲 CP 加在 CP_0 端，CP_1 接 0 或 1，则形成 1 位二进制计数器。

案例应用

计数器的应用——分频器

图 9-17 分频器电路

分频器可以用来降低信号的频率，是数字系统中常用的电路，在通信、雷达和自动控制系统中被广泛应用。N 进制计数器可实现 N 分频。

图 9-17 所示是由可预置数二进制计数器 74LS161 和非门 74LS04 组成的可编程序分频器。在 CP 脉冲作用下，74LS161 就加 "1"。当 $Q_1 = Q_2 = Q_3 = Q_4 = 1$ 时，CO 输出一个正脉冲，脉冲宽度等于一个时钟周期，在 LD 就有一个负脉冲，此时，74LS161 进入置数状态，在下一个时钟脉冲上升沿到达时，将数据输入端 D_0、D_1、D_2、D_3 置入内部触发器，完成置数功能，然后重复刚才的计数功能。这种可编程序分频电路的分频数 N 由输入端 D_0、D_1、D_2、D_3 的状态决定。例如图中 S_4 合上，$D_0 = D_1 = D_2 = 0$、$D_3 = 1$，得到的分频数为 7。

9.4 555 定时器

555 定时器是一种将模拟电路和数字电路结合在一起的中规模集成电路，该电路功能灵活，应用范围广，只需外接少量元器件，就可以组成各种功能电路。

9.4.1 555定时器的结构

555定时器的内部结构和引脚排列如图9-18所示。555定时器内部有一个基本RS触发器、两个电压比较器、一个放电晶体管和一个分压电路，由电路可以看出，电压比较器A_1的基准电压为$(2/3)V_{CC}$，电压比较器A_2的基准电压为$(1/3)V_{CC}$。

a) 内部结构   b) 引脚排列

图9-18 555定时器的内部结构和引脚排列

555定时器各引脚功能如下：

1）GND为接地端。

2）$\overline{TR}$为低电平触发端。当其输入电压低于$(1/3)V_{CC}$时，A_2的输出为0，基本RS触发器输出$Q=1$，555定时器输出端$u_o=1$。

3）输出端u_o。输出电流可达200mA，可直接驱动LED、指示灯等。

4）$\overline{R}$为复位端。当$\overline{R}=0$时，基本RS触发器直接清0，输出$u_o=0$。

5）CO为电压控制端。CO外加控制电压可改变A_1、A_2的参考电压。

6）TH为高电平触发端。当输入电压高于$(2/3)V_{CC}$时，A_1的输出为0，基本RS触发器输出$Q=0$，555定时器输出端$u_o=0$。

7）D为放电端。当$\overline{Q}=1$时，晶体管VT导通，如果D端外接有电容，可通过VT放电。

8）V_{CC}为电源端。电源为5~18V。

9.4.2 555定时器的典型应用

只要在555定时器外部配上几个阻容元件，则可方便地构成单稳态触发器、多谐振荡器、施密特触发器。

1. 单稳态触发器

单稳态触发器只有一个稳态，电路一般在外界作用下先进入暂态，经过一段时间后电路返回稳态。图9-19是由555定时器组成的单稳态触发器电路及波形图，其中R、C为外接电阻和电容，u_i为输入信号。

当触发信号u_i为高电平时，触发器处于0稳态，内部放电晶体管导通。现给一负触发

a) 电路　　　　　　　　b) 波形图

图 9-19　单稳态触发器电路及波形图

脉冲，由于 $\overline{TR}$ 脚电平低于 $(1/3)V_{CC}$，则输出状态由 0 稳态变为 1 暂态，放电晶体管截止，电容开始充电，使 TH 脚电位升高、当超过 $(2/3)V_{CC}$ 时，触发器由 1 暂态变回 0 稳态。

2. 多谐振荡器

多谐振荡器又称无稳态触发器，它没有稳定状态，也不需要外加任何信号，电路接通后电路将输出矩形脉冲。由于矩形脉冲中含有大量谐波，所以称为多谐振荡器。用 555 定时器构成的多谐振荡器电路及其波形图如图 9-20 所示。

接通电源，电容充电，u_C 升高，当升至 $(2/3)V_{CC}$ 时输出由 1 态变为 0 态，此时内部放电晶体管导通，电容通过放电晶体管放电，u_C 下降；当电压降低至 $(1/3)V_{CC}$ 时，输出由 0 态变为 1 暂态，放电晶体管截止，电容又开始充电，直至产生脉冲信号。

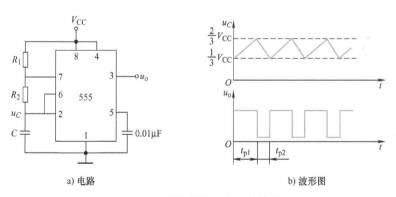

a) 电路　　　　　　　　b) 波形图

图 9-20　多谐振荡器电路及其波形图

3. 施密特触发器

由 555 定时器组成的施密特触发器电路及其波形图如图 9-21 所示。可以看出，将定时器的 TH 端和 $\overline{TR}$ 端连接起来作为信号输入端 u_i 便构成施密特触发器。555 定时器中晶体管 VT 的集电极通过电阻 R 接电源 V_{CC1}，并将晶体管的集电极 D 端引出作为输出端 u_{o1}，其高电平通过改变 V_{CC1} 可以进行调节。定时器 CO 端可以外接电压 u_{CO}，用于改变比较电压，调节回差。

当输入电压高过 $2/3V_{CC}$ 时，触发器由 1 态变为 0 态，当输入电压低于 $1/3V_{CC}$ 时，触发器由 0 态变为 1 态。$2/3V_{CC}$ 称为上限阈值电压 U_{T+}，$1/3V_{CC}$ 称为下限阈值电压 U_{T-}，$U_{T+} - U_{T-}$

a) 电路　　　　　　　　　　　　　b) 波形图

图 9-21　施密特触发器电路及其波形图

称为回差电压。施密特触发器可将正弦波、三角波变换为矩形波，还可对输入的随机脉冲的幅度进行鉴别。

 知识链接

555 定时器的应用——触摸延时开关电路图

图 9-22 所示电路是一片 NE555 构成的定时电路，在这里接成单稳态电路。平时由于触摸片 P 端无感应电压，电容 C_1 通过 NE555 第 7 脚放电完毕，第 3 脚输出为低电平，继电器 KS 释放，电灯不亮。

当需要开灯时，用手触碰一下金属片 P，人体感应的杂波信号电压由 C_2 加至 NE555 的触发端，使 NE555 的输出由低电平变成高电平，继电器 KS 吸合，电灯点亮。同时，NE555 第 7 脚内部截止，电源便通过 R_1 给 C_1 充电，这就是定时的开始。

图 9-22　NE555 定时电路

当电容 C_1 上电压上升至电源电压的 2/3 时，NE555 第 7 脚导通，使 C_1 放电，使第 3 脚输出由高电平变回低电平，继电器释放，电灯熄灭，定时结束。

定时长短 T_1 由 R_1、C_1 决定：$T_1 = 1.1 R_1 C_1$。按图中所标数值，定时时间约为 4min。VD 可选用 1N4148 或 1N4001。

技能训练八　555 定时器的应用——声光报警电路仿真与制作

1. 任务描述

设计一种防盗装置，在有情况时它通过指示灯闪光和蜂鸣器鸣叫报警。要求指示灯闪光频率为 1 ~ 2Hz，蜂鸣器发出间隙声响的频率约为 1000Hz。

2. 仿真电路原理图设计

利用 Protues 8 Professional 仿真软件绘制如图 9-23 所示声光报警仿真电路图。

图 9-23　声光报警仿真电路

3. 仿真数据记录

在仿真电路图中，依次改变 RP_1、RP_2 电位器的值，使得 LED 与蜂鸣器处的波形达到要求，并将这两处波形图记录在下面方框中。

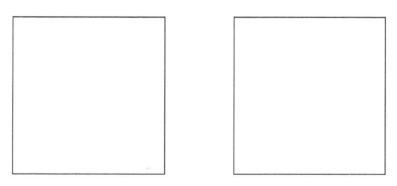

4. 电路装配

（1）元器件准备　参考电路配套元器件清单见表 9-11。

表 9-11　声光报警电路元器件清单

序号	器件编号	名称	型号/规格	数量
1	U_1、U_2	555 定时器	6AA29VM NE555P	2
2	R_1、R_2	电阻	2kΩ	2
3	RP_1	电位器	BAOTER3296 W104	1
4	RP_2	电位器	BAOTER3296 W203	1
5	C_1、C_3	电解电容	100μF/16V	2
6	C_2、C_4	碳膜电容	103	2
7	C_5	电解电容	10μF16V	1
8	VL_1	LED	绿色	1
9	LS_1	蜂鸣器	F800　25W	1

（2）元器件质量检测　用万用表对各个元器件进行检查，对质量不符合要求的元器件给予剔除并更换。

（3）元器件焊接　在万用板上，合理布局元器件并焊接。

5. 电路调试与功能测试

1）将待调试电路按正负极接好，要求使用5V直流电源，负极接地。

2）接通电源开关，观察 LED 是否正常工作，蜂鸣器是否正常工作。如不正常，检查蜂鸣器正负极是否接好，连接是否良好等。

3）旋转 RP_1，观察 LED 闪烁频率是否有变，如无变化，检查 RP_1 是否损坏，是否连接良好。

4）保持 RP_1 不变，旋转 RP_2，观察蜂鸣器音调是否变化，如无变化，检查 R_3 是否损坏，是否连接良好。

5）调试结束，关闭电源。

习题九

9-1　填空题

1）触发器有＿＿＿个稳态，存储8位二进制信息需要＿＿＿个触发器。

2）一个基本 RS 触发器在正常工作时，它的约束条件是 $\overline{R}+\overline{S}=1$，即它不允许输入 $\overline{S}=$ ＿＿＿＿＿，且 $\overline{R}=$ ＿＿＿＿＿ 的信号。

3）触发器有两个互补的输出端 Q、$\overline{Q}$，定义触发器的 1 状态为＿＿＿＿＿＿，0 状态为＿＿＿＿＿＿，可见触发器的状态指的是＿＿＿＿端的状态。

4）一个基本 RS 触发器在正常工作时，不允许输入 $R=S=1$ 的信号，因此它的约束条件是＿＿＿＿＿＿。

5）RS 触发器具有＿＿＿＿＿＿、＿＿＿＿＿＿和＿＿＿＿＿＿等逻辑功能；D 触发器具有＿＿＿＿＿＿和＿＿＿＿＿＿等逻辑功能；JK 触发器具有＿＿＿＿＿＿、＿＿＿＿＿＿、＿＿＿＿＿＿和＿＿＿＿＿＿等逻辑功能。

6）时序逻辑电路按照其触发器是否有统一的时钟控制分为＿＿＿＿时序电路和＿＿＿＿时序电路。

7）寄存器按照功能不同可分为两类：＿＿＿＿寄存器和＿＿＿＿寄存器。

8）数字电路按照是否有记忆功能通常可分为两类：＿＿＿＿、＿＿＿＿。

9）欲使 JK 触发器按 $Q^{n+1}=Q^n$ 工作，可使 JK 触发器的输入端 $J=$ ＿＿＿＿，$K=$ ＿＿＿＿。

10）欲使 D 触发器按 $Q^{n+1}=\overline{Q^n}$ 工作，应使输入 $D=$ ＿＿＿＿。

9-2　基本 RS 触发器输入端 $\overline{R}$ 和 $\overline{S}$ 的波形如图 9-24 所示，设触发器 Q 端的初始状态为 0，试对应画出输出 Q 和 $\overline{Q}$ 的波形。

9-3　设 D 触发器原状态为 0 态，试画出在图 9-25 所示的 CP、D 输入波形激励下的输出波形。

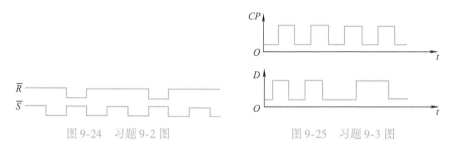

图 9-24　习题 9-2 图　　　　　　　　图 9-25　习题 9-3 图

9-4　已知时钟脉冲 CP 的波形如图 9-25 所示，试分别画出图 9-26 中各触发器输出端 Q 的波形。设它们的初始状态均为 0。指出哪个具有计数功能。

图 9-26　习题 9-4 图

9-5　说明图 9-27 所示的 D→JK 触发器的转换逻辑是否正确。

9-6　分别说明图 9-28 所示的 JK→D、JK→RS 触发器的转换逻辑是否正确。

图 9-27　习题 9-5 图　　　　　　　　图 9-28　习题 9-6 图

9-7　分析图 9-29 的计数器电路，画出电路的状态转换图，说明这是多少进制的计数器。十六进制计数器 74LS161 的真值表见表 9-9。

9-8　在图 9-30 所示用 555 定时器组成的多谐振荡器电路中，若 $R_1 = R_2 = 5.1\text{k}\Omega$，$C = 0.01\mu\text{F}$，$V_{CC} = 12\text{V}$，试计算电路的振荡频率。

图 9-29　习题 9-7 图　　　　　　　　图 9-30　习题 9-8 图

参 考 文 献

［1］ 王屹，赵应艳. 电工电子技术项目化教程［M］. 北京：机械工业出版社，2019.

［2］ 坚葆林. 电工电子技术与技能［M］. 北京：机械工业出版社，2019.

［3］ 胡宴如. 模拟电子技术［M］. 6版. 北京：高等教育出版社，2021.

［4］ 邱寄帆. 数字电子技术［M］. 2版. 北京：高等教育出版社，2021.

［5］ 刘莲青，王玥玥. 电工电子技术与技能（非电类少学时）［M］. 2版. 北京：电子工业出版社，2016.

［6］ 沈翊. 电工与电子技术：项目化教材［M］. 3版. 北京：化学工业出版社，2019.

［7］ 张志良. 电工与电子技术基础［M］. 北京：机械工业出版社，2016.